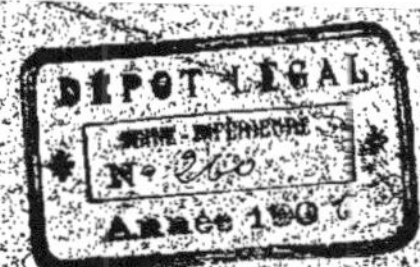

SOCIÉTÉ CENTRALE D'AGRICULTURE

de la Seine-Inférieure

Le Concours Beurrier

de Forges-les-Eaux

31 Mai - 4 Juin 1906

ROUEN

IMPRIMERIE J. GIRIEUD

1906

31 Mai - 4 Juin 1900

Le Concours Beurrier

de Forges-les-Eaux

SOCIÉTÉ CENTRALE D'AGRICULTURE

de la Seine-Inférieure

Le Concours Beurrier

de Forges-les-Eaux

31 Mai - 4 Juin 1906

ROUEN

IMPRIMERIE J.-GIRIEUD

1906

SOMMAIRE

Composition du Bureau pour 1906-1907

Président .... MM. G. LORMIER, Propriétaire-Agricul-
teur, Conseiller général de la Seine-
Inférieure, 15, rue Racine, Rouen.

Vice-Président .... F. LAURENT, Professeur départe-
mental d'Agriculture de la Seine-
Inférieure, 13 bis, rue de Fontenelle,
Rouen.

Secrétaire de Correspondance. J. LE MORVAN, Vétérinaire, 49, rue
Thiers, Rouen.

Secrétaire du Bureau........... D. DENIZE, Propriétaire, Juge de
Paix honoraire, 19, route de Neuf-
châtel, Rouen.

Secrétaire adjoint .... J. GRILLE, Administrateur du Syndicat agricole de la Seine-Inférieure,
3, rue Chasselièvre, Rouen.

Archiviste........................... C. LEGENDRE, Propriétaire, 71, rue
Jeanne-Darc, Rouen.

Trésorier............................ L. LAMBARD, Grainetier, 30, quai
de Paris, Rouen.

Préface

L'ensemble de documents que la Société centrale d'Agriculture publie aujourd'hui est un guide à travers le Concours beurrier de Forges-les-Eaux.

En le lisant attentivement, on pourra suivre, jour par jour, heure par heure, les diverses opérations de cet intéressant concours, le premier en France.

Cette lecture est rendue plus attrayante par les belles photographie que nous devons à l'amabilité et au talent de nos collègues, MM. Louis Langer et Frédéric Lefebvre.

Certes, l'examen attentif des tableaux synoptiques, par exemple, pourra donner plus de fatigue et procurer moins de plaisir que la lecture de telle autre partie de l'ouvrage ; mais ces tableaux sont indispensables pour bien comprendre le but et la portée du Concours — et, aussi, pour en calculer les conséquences.

Et, d'ailleurs, ce recueil qui peut paraître, à première vue, composé d'éléments juxtaposés sans lien bien apparent, forme au contraire un tout complet et bien compact.

Il serait difficile de supprimer l'une des parties qui le composent sans en diminuer grandement l'intérêt, sans en détruire l'harmonie.

Nous souhaitons qu'il intéresse et instruise tous ceux qui, à un titre quelconque, s'occupent de questions agricoles, et qu'il porte partout avec lui la devise de notre chère Société centrale d'Agriculture de la Seine-Inférieure : « Dévouement et Progrès ».

Le Président de la Société,

GEORGES LORMIER.

LE CONCOURS BEURRIER

DE FORGES-LES-EAUX

Prix

I. — Prix en argent.

Fonds de la Société Centrale d'Agriculture.	1.275 fr.	»
Subvention de l'État	500	»
Subvention de M. Gervais, Sénateur de la Seine-Inférieure.	250	»
Subvention de M. Bouctot, Député de l'arrondissement de Neufchâtel.	250	»
Subvention de la Ville de Forges-les-Eaux.	200	»
Subvention du Comice Agricole de l'arrondissement de Neufchâtel.	25	»
Total.	2.500 fr.	»

II. — Médailles.

2 médailles d'or, offertes par le Conseil général de la Seine-Inférieure.

1 médaille de vermeil, offerte par M. Malicorne, Conseiller général du canton de Forges-les-Eaux.

1 médaille de vermeil, offerte par M. Thureau-Dangin, Conseiller général du canton de Neufchâtel.

4 médailles d'argent.

11 médailles de bronze.

Programme

ARTICLE PREMIER.

Un Concours Beurrier, ayant pour objet de rechercher et de récompenser les vaches laitières qui produisent la plus grande quantité de matière grasse par jour, sera organisé à Forges-les-Eaux, les 31 mai, 1er, 2, 3 et 4 juin 1906, par la Société Centrale d'Agriculture de la Seine-Inférieure.

ARTICLE 2.

Les agriculteurs résidant dans le département de la Seine-Inférieure pourront seuls prendre part à ce Concours.

Par suite des difficultés matérielles d'installation, le nombre des animaux admis ne pourra dépasser trente. En conséquence, les déclarations (1) — qui devront être adressées au Président de la Société Centrale d'Agriculture de la Seine-Inférieure, à l'Hôtel des Sociétés savantes, 40 *bis*, rue Saint-Lô, à Rouen — seront enregistrées strictement dans leur ordre de réception et les inscriptions closes aussitôt que le maximum fixé sera atteint,

Il sera perçu un droit d'entrée de dix francs par bête inscrite ; ce droit sera réduit à cinq francs pour les animaux appartenant à des membres de la Société Centrale d'Agriculture.

Les propriétaires qui, pour raison de force majeure, ne pourront présenter les vaches qu'ils auront fait inscrire, devront en donner avis au Président de la Société, le plus tôt possible et, en tout cas, avant le 25 mai. A défaut de cette formalité, ils auront à payer, en plus du droit d'entrée qui restera acquis, une amende de vingt francs par animal.

ARTICLE 3.

Le Concours étant exclusivement affecté à la race bovine normande, toute vache qui présenterait des signes non douteux de croisement, sera rigoureusement éliminée.

Pour être admis, les animaux devront, en outre, avoir moins de huit ans et peser, au minimum, le poids vif de 400 kilos ; ils seront répartis en deux catégories : la première comprendra les bêtes n'ayant pas encore toutes leurs dents de remplacement ; la seconde, celles qui auront toutes leurs dents de remplacement.

Toutes les constatations concernant la race, la dentition et le poids seront faites par une Commission spéciale de réception, dès l'arrivée des animaux. Les exposants devront produire un certificat, délivré par un vétérinaire et dûment légalisé, constatant que les animaux présentés sont sains.

ARTICLE 4.

Chaque exposant ne pourra présenter plus d'une vache par catégorie.

ARTICLE 5.

L'attribution des récompenses aura lieu exclusivement d'après le poids du beurre obtenu avec le lait produit par chaque vache pendant le Concours. Toutefois, en cas d'accident au cours des opérations de fabrication du beurre, il sera tenu compte du dosage du lait en matière grasse, effectué à l'aide de l'appareil Gerber, immédiatement après chaque traite.

---

(1) Des formules de déclarations seront adressées à toute personne qui en fera la demande au Président de la Société Centrale d'Agriculture.

Article 6.

Les prix seront répartis de la manière suivante :

1re Catégorie. — *Vaches n'ayant pas toutes leurs dents de remplacement.*

1 prix de.	300 f. »	
1 —	200 »	
1 —	150 »	1.000 francs.
1 —	100 »	
2 —	75 »	
2 —	50 »	

8 prix.

2e Catégorie. — *Vaches ayant toutes leurs dents de remplacement.*

1 prix de.	300 f. »	
1 —	250 »	
1 —	200 »	
1 —	150 »	1.250 francs.
1 —	100 »	
2 —	75 »	
2 —	50 »	

9 prix.

Des virements seront faits, s'il est utile, d'une catégorie à l'autre, ét des mentions honorables pourront être accordées.

Indépendamment des primes en argent ci-dessus mentionnées, les lauréats recevront des médailles et des diplômes, ainsi que des plaques de prix. Les médailles seront d'or pour les premiers prix, de vermeil pour les seconds prix, d'argent pour les troisièmes prix et de bronze pour tous les autres prix.

Article 7.

En plus des récompenses précédentes décernées dans les conditions stipulées à l'article 5, deux prix spéciaux seront affectés, sans distinction de catégorie :

1º Un prix de 75 francs : à la vache ayant donné la plus grande quantité de lait ;

2º Un prix de 75 francs : à la vache ayant donné le lait le plus riche en matière grasse.

Chacun de ces prix sera accompagné d'une médaille d'argent.

Article 8.

Une somme de cent francs en espèces sera répartie entre les personnes ayant trait les vaches désignées pour les principales récompenses.

ARTICLE 9.

Les différentes opérations du Concours seront réglées ainsi qu'il suit :

Le jeudi 31 mai : de deux heures à cinq heures, réception et examen des animaux ; le soir, première traite.

Le vendredi 1er juin. Le samedi 2 — Le dimanche 3 — } Chaque jour, trois traites ; après chacune d'elles, pesée du lait, dosage de la matière grasse au Gerber et écrémage à l'aide de centrifuges.

Le lundi 4 juin, de 7 heures à 10 heures : Barattage et fabrication du beurre, classement des vaches.

A 11 heures : Présentation générale des animaux primés.

A 2 heures : Distribution solennelle des récompenses.

ARTICLE 10.

Un règlement intérieur fera connaître les heures des traites et fournira aux exposants les renseignements utiles sur toutes les opérations du Concours.

Les traites seront publiques et auront lieu dans une enceinte spéciale, au Marché aux Vaches de Forges ; elles seront effectuées par les employés des exposants, qui devront apporter deux longes par animal, ainsi que les récipients et accessoires divers nécessaires.

Le lait obtenu deviendra la propriété de la Société Centrale d'Agriculture.

La laiterie sera installée sous la Halle aux Beurres de Forges ; les diverses manipulations qui y seront effectuées se poursuivront sous les yeux des exposants et du public.

Deux herbages d'excellente qualité et proches du lieu de la traite, seront mis gratuitement à la disposition des exposants, l'un étant réservé aux vaches au piquet, l'autre aux vaches laissées en liberté. Chaque exposant prendra soin de ses animaux ; la Société Centrale d'Agriculture n'en sera responsable en aucun cas et fournira simplement deux gardiens auxiliaires.

Les exposants resteront libres de compléter le pâturage par tous aliments de leur choix ; ils pourront également obtenir la permission de placer leurs animaux dans d'autres herbages du voisinage qu'ils jugeraient bon de louer à cet effet.

Aucun animal ne pourra être enlevé, avant la fermeture du Concours, sans une autorisation spéciale du Président de la Société Centrale d'Agriculture.

ARTICLE 11.

Des Commissaires seront attachés au Concours pour surveiller rigoureusement les opérations et assurer leur bonne et prompte exécution.

ARTICLE 12.

Les diplômes et médailles seront remis à la distribution solennelle des récompenses, aussitôt après la proclamation des noms des lauréats. Le montant des prix sera payé, au même lieu, à l'issue de la séance publique. Tout lauréat devra venir à la séance publique recevoir la récompense qui lui aura été attribuée, ou la faire recevoir par une personne munie d'un pouvoir sur papier timbré et dûment légalisé ; dans le cas contraire, la récompense, quelle qu'elle soit, fera retour à la Caisse de la Société.

Rouen, le 27 avril 1906.

Règlement intérieur

Réception des animaux.

Les animaux doivent être présentés à la Commission de réception le jeudi 31 mai, de deux heures à cinq heures, au Marché aux Vaches de Forges-les-Eaux, et les droits d'entrée versés à ce moment au Trésorier de la Société.

Après avoir fait toutes les constatations utiles, la Commission de réception remettra aux exposants des numéros d'ordre, qui seront fixés solidement et de façon apparente à la tête des animaux, et indiquera les emplacements réservés pour les traites ; les vaches seront alors conduites aux herbages retenus par la Société Centrale d'Agriculture ou à ceux qui auront été loués par les exposants avec l'assentiment du Président de la Société.

Nourriture et logement des animaux.

Suivant les dispositions du programme, les exposants ont toute latitude pour nourrir leurs animaux comme bon leur semble et ils doivent les faire soigner et garder par leurs employés. Toutefois, il est instamment recommandé à ces employés de circuler le moins possible dans les herbages, afin de ne pas troubler les animaux.

A neuf heures du soir, tous les employés doivent quitter les herbages dont la garde reste exclusivement confiée, pendant la nuit, au personnel délégué par la Société. A ce moment, les exposants ont la faculté de retirer leurs animaux pour leur faire passer la nuit dans une étable.

Traites.

Les traites seront effectuées au Marché aux Vaches de Forges, aux heures suivantes :

Le jeudi soir, à six heures ;

Et chacun des trois autres jours (le vendredi, samedi et dimanche, 1, 2 et 3 juin), à cinq heures du matin, à onze heures du matin, à six heures du soir.

Si, par suite du mauvais temps ou pour toute autre cause, il paraît indispensable de modifier légèrement ces heures de traites, les exposants seront avertis en temps utile des changements apportés.

Les vaches doivent être attachées à leurs places respectives quelques minutes avant l'heure fixée pour chaque traite, et tous les trayeurs prêts à commencer au signal donné par le Commissaire.

Les exposants qui présentent deux bêtes, font d'abord procéder à la traite de la vache de la première catégorie, et c'est seulement après la pesée du lait de cette bête que peut commencer la traite de la vache de la seconde catégorie.

Aussitôt que la traite d'une vache est terminée, le trayeur apporte le lait jusqu'à la bascule et le verse lui-même dans le broc marqué au numéro de la vache. Immédiatement après la pesée, le broc est plombé pour être transporté à la laiterie.

La traite doit être effectuée d'une façon aussi parfaite que possible et suivant toutes les règles de l'hygiène. Les exposants tiendront la main à ce que leurs employés aient une tenue irréprochable.

En vue de la répartition des primes en espèces prévues par l'article 8 du programme, les exposants sont priés de conserver, autant que possible, les mêmes trayeurs pendant toute la durée du Concours. Les trayeurs qui n'exécuteraient pas la traite dans les conditions de propreté les plus rigoureuses, seront éliminés de la liste des serviteurs récompensés.

Laiterie.

Aussitôt après le déplombage des brocs et le prélèvement par les chimistes des échantillons nécessaires pour la prise de densité et le contrôle de la matière grasse au Gerber, les laits sont passés à l'écrémeuse.

La crème est reçue dans un broc également marqué au numéro de la vache qui a donné le lait et ce broc est pesé avant d'être replacé dans le local réservé pour la crème.

Entre l'écrémage de deux échantillons de lait, il est introduit 4 à 5 litres d'un mélange de lait écrémé et d'eau dans la centrifuge, afin de la nettoyer ou du moins d'en faire sortir toute la crème qu'elle pourrait conserver.

Au cours des opérations d'écrémage, des échantillons de lait écrémé sont prélevés et essayés au Gerber, en vue de contrôler la parfaite régularité du travail.

Le barattage des différents lots de crème doit commencer le lundi matin à 7 heures ; toutefois, si la température le rendait nécessaire, cette opération serait avancée.

Les pesées du beurre sont faites par le Commissaire, mais avant de procéder au classement définitif, des échantillons de tous les lots de beurre devront être examinés au Gerber, afin de s'assurer de leur égale teneur en eau et de pouvoir faire les corrections utiles, s'il y a lieu.

Conformément à l'article 5 du programme, s'il survient un accident quelconque au cours des opérations de fabrication du beurre, il sera tenu compte, pour la traite ou le lot entier de crème à éliminer par suite de cet accident, des pesées du lait et des résultats du contrôle au Gerber.

La Société Centrale d'Agriculture se réserve le droit d'éliminer, pour le classement des animaux, la traite du jeudi soir.

Présentation générale. — Départ des Animaux.

A l'issue des opérations, les bêtes ayant pris part au Concours seront présentées au public, dans le ring aménagé à cet effet, dans l'ordre de classement et suivant les indications données par les Commissaires.

Après cette présentation publique, les exposants seront libres d'enlever leurs animaux ou de les laisser dans les herbages jusqu'au moment de l'embarquement en chemin de fer.

Rouen, le 18 Mai 1906.

Catalogue

1re CATÉGORIE. — *Vaches n'ayant pas toutes leurs dents de remplacement.*

1[1] *Discrète*, bringé caille, 3 ans 2 mois, vêlée le 20 mars, à M. DUFOUR (Paul), à Londinières.

2. *Nota*, caille bringé, 2 ans 11 mois, vêlée le 8 avril (H. B. N., n° 8.451, vol. 20), à MM. LAVOINNE (E. et A.), à Bosc-aux-Moines.

3. *Réséda*, caille, 4 ans, vêlée le 21 mars, à M. GAVREL (Maurice), à Saumont-la-Poterie.

4. *Valmonette*, blond caille, 3 ans 3 mois, vêlée le 26 février, à M. MONVILLE (Jules), à Doudeville.

5. *Rougette*, rouge cerise, 3 ans 6 mois, vêlée le 3 avril, à M. DELARUE (Anatole), à Ferrières.

6. *Perrette*, bringé, 3 ans, vêlée le 8 mai, à M. DUBUC (Antoine), à Thil-Riberpré.

7. *Nez-Blanc*, caille blond, 3 ans 6 mois, vêlée le 7 mai, à M. A. PHILIPPART fils, à Haussez.

8. *Coquette*, caille bringé, 4 ans, vêlée le 20 mars, à M. LETAILLEUR (Alfred), à Saumont-la-Poterie.

9. *Bel-Amour*, bringé foncé, 3 ans, vêlée le 10 mai, à M. FÉRET (Jules), à Saumont-la-Poterie.

10. *Coquette*, bringé, 4 ans, vêlée le 29 mars, à M. PONCHY (Théodore), à Bihorel

11. *Princesse*, blond, 4 ans, vêlée le 20 mai, à M. DUBUC (Jean-Baptiste), à Thil-Riberpré.

---

(1) Les numéros donnés aux animaux prenant part au concours sont ceux de leur ordre d'inscription.

2me Catégorie. — *Vaches ayant toutes leurs dents de remplacement.*

12. *Imprévue,* bringé, 5 ans 10 mois, vêlée le 1er mars, à M. Dufour (Paul), précité.
13. *La Neuville,* bringé, 5 ans, vêlée le 10 mars, à MM. Lavoinne (E. et A.), précités.
14. *Cérès,* blond, 7 ans 5 mois, vêlée le 14 avril, à M. Gavrel (Maurice), précité.
15. *Guérillonne,* blond clair, 7 ans 10 mois, vêlée le 14 février, à M. Monville (Jules), précité.
16. *Marquise,* bringé blond, 7 ans, vêlée le 13 février, à M. Delarue (Anatole), précité.
17. *Bijou,* bringé, 7 ans, vêlée le 12 avril, à M. Dubuc (Antoine), précité.
18. *Mouchetée,* bringé rouge, 6 ans, vêlée le 5 mai, à M. Dumontier (Th.), à Ferrières.
19. *Fleurette,* caille blond, 7 ans, vêlée le 20 avril, à M. A. Philippart fils, précité.
20. *Florinette,* bringé clair, 7 ans, vêlée le 28 avril, à M. Lemétais (Henri), aux Essarts-Varimpré.
21. *Rosette,* bringé, 6 ans, vêlée le 26 février, à M. Dubuc (Jean-Baptiste), précité.
22. *Charmante,* blond, 8 ans, vêlée le 15 février, à M. Letailleur (Alfred), précité.
23. *Bourotte,* barré bringé, 5 ans 6 mois, vêlée le 13 avril, à M. Franconville (B.), à Caule-Sainte-Beuve.
24. *Général,* bringé, 6 ans, vêlée le 15 mai, à M. Féret (Jules), précité.
25. *La Belle,* bringé blond, 5 ans 10 mois, vêlée le 7 mai, à M. Ponchy (Th.), précité.
26. *Gentille,* rouge, 7 ans 5 mois, vêlée le 7 avril, à M. Vallet (Georges), à Compainville.
27. *Caserie,* caille, 7 ans, vêlée le 21 mars (H.-B.-N., n° 6.865 vol. 16), à M. Bourdon (Edgard), à Gueures.
28. *Bassette,* caille bringé, 6 ans 4 mois, vêlée le 18 avril, à M. Cartier (Anatole), à Thil-Riberpré.
29. *Réséda,* caille blond, 6 ans 10 mois, vêlée le 20 mars, à M. Dutot (A.), à Mesnil-Lieubray.
30. *Gentille,* pie rouge, 7 ans, vêlée le 30 mars, à M. Lefrançois (Eugène), à Saint-Pierre-des-Jonquières.

Commissariat

Commissaire général.......... M. G. LORMIER, Président de la Société.
Commissaire général adjoint. M. F. LAURENT, Vice-Président.
—   —   —   M. J. GRILLE, Secrétaire.

Commissaires :

Laiterie.— M. L. ARCHAMBAULT, Directeur de la Beurrerie-Fromagerie de Vieux-Rouen-sur-Bresle.

Herbage, Traite et pesée du Lait. — MM. E. DUBUC, Professeur spécial d'Agriculture, à Neufchâtel-en-Bray ; R. BRAYÉ, Agriculteur, aux Authieux-sur-Port-Saint-Ouen.

Laboratoire. — MM. A. HOUZEAU, Directeur de la Station agronomique de la Seine-Inférieure ; P. ROSSET et MARAIS, Chimistes de la Station Agronomique de la Seine-Inférieure.

Service sanitaire. — MM. J. LE MORVAN, Vétérinaire, Secrétaire de la Société ; H. DUMONT, Vétérinaire à Forges.

Service des démonstrations. — Mlle J. VAN DEN BERGH, Professeur de l'Etat belge ; M. LEPARMENTIER, Monteur-Ajusteur de la Maison Simon frères, de Cherbourg.

Secrétariat. — MM. C. VANGREVELINGE, Sous-Chef de bureau à la Préfecture de la Seine-Inférieure ; L. CARROUAILLE, Secrétaire de la Chaire départementale d'Agriculture.

Jury de réception des Animaux

Président.....   M ROINARD, Président du Comice agricole de l'arrondissement de Neufchâtel-en-Bray.

Membres......   MM. J. CUEL, Maire de Forges, Vice-Président du Comice agricole de Neufchâtel ; H. DUMONT, Vétérinaire à Forges ; J. THUREAU-DANGIN, Conseiller général de la Seine-Inférieure.

Secrétaire ....   M. E. DUBUC, Professeur spécial d'Agriculture, à Neufchâtel-en-Bray.

Opérations

Jeudi 31 Mai.

De deux heures à cinq heures. — Réception et examen des animaux, au Marché aux Vaches, de Forges, par la Commission spéciale (1).

---

(1) Les notes données par la Commission de réception sont indiquées dans un tableau spécial qui figure aux annexes (tableau n° 1); ces notes ne sont reproduites qu'à titre documentaire, puisque, conformément aux dispositions du programme, il n'en a été tenu aucun compte pour l'attribution des récompenses.

De six heures à six heures et demie. — Première traite publique [1].

De six heures à huit heures. — Ecrémage du lait [2].

Vendredi, Samedi et Dimanche, 1er, 2 et 3 Juin.

Chaque jour :

De cinq heures à cinq heures et demie du matin ; de onze heures à onze heures et demie, et de six heures à six heures et demie : Traite publique.

De cinq heures un quart à sept heures ; de onze heures un quart à une heure, et de six heures un quart à huit heures : Ecrémage du lait et essais au Gerber du lait pur et du petit lait.

Le Vendredi, de trois heures à quatre heures, à la Halle aux Beurres :

Conférence par M. Houzeau, sur la composition du lait et les méthodes d'analyse.

Le Samedi et le Dimanche, de neuf heures et demie à dix heures et demie du matin, et de deux heures et demie à trois heures et demie de l'après-midi :

Conférences-démonstrations, par Mlle Van den Bergh.

Lundi 4 Juin.

De six heures à neuf heures, à la Halle aux Beurres : Barattage, fabrication du beurre.

De huit heures et demie à neuf heures, au Marché aux Vaches : Pesée des animaux.

De neuf heures à neuf heures et demie : Concours de traite.

De neuf heures et demie à dix heures : Leçon de traite, par M. J. Le Morvan.

De dix heures à onze heures, à la Halle aux Beurres : Conférence sur les Laiteries coopératives, par M. Fortier.

De onze heures à onze heures et demie, sur la Grande Place : Présentation publique de tous les animaux.

De deux heures à trois heures : Distribution solennelle des Récompenses.

Résultats

Production totale

Les neuf traites des vendredi, samedi et dimanche, 1er, 2 et 3 juin, ont fourni 1.989 kilos 950 de lait (correspondant à 1.923 litres 69). Avec ce lait,

---

(1) Conformément aux dispositions du programme, le lait de la traite du jeudi soir n'est pas entré en ligne de compte pour le classement. La crème provenant de ce lait a servi pour les démonstrations de fabrication du beurre faites par Mlle Van den Bergh le dimanche 3 juin.

(2) L'écrémage du lait a toujours commencé vingt minutes environ après le début de la traite, aussitôt que les dix premiers brocs de lait, pesés et plombés au Marché aux Vaches, étaient reçus à la Halle aux Beurres.

il a été fabriqué 81 kilos 315 de beurre. Le kilo de beurre a donc été obtenu avec 24 kilos 468 de lait (correspondant à 23 litres 657).

Moyennes générales

La production moyenne par vache a été :

En lait : 1° EN POIDS.	Pour les 3 jours.	Par jour.
a) Pour l'ensemble des 30 bêtes	66 kil. 331	22 kil. 100
b) Pour la 1re catégorie	55 kil. 930	18 kil. 640
c) Pour la 2e catégorie	72 kil. 340	24 kil. 110

2° EN VOLUME.

	Pour les 3 jours.	Par jour.
a) Pour l'ensemble des 30 bêtes	64 lit. 123	21 lit. 374
b) Pour la 1re catégorie	54 lit. 051	18 lit. 010
c) Pour la 2e catégorie	69 lit. 922	23 lit. 307

En beurre :

	Pour les 3 jours.	Par jour.
a) Pour l'ensemble des 30 bêtes	2 kil. 710	0 kil. 903
b) Pour la 1re catégorie	2 kil. 235	0 kil. 778
c) Pour la 2e catégorie	2 kil. 927	0 kil. 975

Production par Vache

Pour chaque vache, il a été dressé un tableau particulier, dont un modèle est donné aux annexes (tableau n° 2).

Les productions des trente vaches, en lait et en beurre, ainsi que les analyses dont le lait a été l'objet sont indiquées dans les tableaux suivants qui se trouvent également aux annexes :

A. Quantités de lait et de beurre. — Rapports du lait au beurre. — Classement des animaux . . . . (Tableau n° 3).

B. Relevé général des quantités de lait en poids . . . . (Tableau n° 4).

C. Relevé général des essais du lait au Gerber (teneur en matière grasse) . . . . (Tableau n° 5).

D. Relevé général des productions de matière grasse d'après le Gerber . . . . (Tableau n° 6).

E. Relevé général des essais de lait écrémé au Gerber. . (Tableau n° 7).

F. Essais des beurres (dosage de la matière grasse au Gerber et dégustation) . . . . (Tableau n° 8).

Palmarès

Première Catégorie

Vaches n'ayant pas toutes leurs dents de remplacement

1er PRIX : 300 fr. et une médaille d'or :

N° 11. *Princesse*, à M. DUBUC (Jean-Baptiste), à Thil-Riberpré.
Production totale de beurre : 3 kil. 105.

2e PRIX : 200 fr. et une médaille de vermeil :

N° 7. *Nez-Blanc*, à M. PHILIPPART fils, à Haussez.
Production totale de beurre : 2 kil. 965.

3e PRIX : 150 fr. et une médaille d'argent :

N° 2. *Nota*, à MM. E. et A. LAVOINNE, à Bosc-aux-Moines.
Production totale de beurre : 2 kil. 820.

4e PRIX : 100 fr. et une médaille de bronze :

N° 5. *Rougette*, à M. DELARUE (Anatole), à Ferrières.
Production totale de beurre : 2 kil. 725.

5e PRIX : 75 fr. et une médaille de bronze :

N° 9. *Bel-Amour*, à M. FÉRET (Jules), à Saumont-la-Poterie.
Production totale de beurre : 2 kil. 465.

6e PRIX : 50 fr. et une médaille de bronze :

N° 6. *Perrette*, à M. DUBUC (Antoine), à Thil-Riberpré.
Production totale de beurre : 2 kil. 350.

Deuxième Catégorie

Vaches ayant toutes leurs dents de remplacement.

1er PRIX : 300 fr. et une médaille d'or :

N° 17. *Bijou*, à M. DUBUC (Antoine), à Thil-Riberpré.
Production totale de beurre : 4 kil. 065.

2e PRIX : 250 fr. et une médaille de vermeil :

N° 30. *Gentille*, à M. LEFRANÇOIS (Eugène), à Saint-
Pierre-des-Jonquières. Production totale de beurre : 3 kil. 850.

3e PRIX : 200 fr. et une médaille d'argent :

N° 12. *Imprévue*, à M. DUFOUR (Paul), à Londinières.
Production totale de beurre : 3 kil. 770.

4e PRIX : 150 fr. et une médaille de bronze :

    N° 20. *Florinette*, à M. LEMÉTAIS, aux Essarts-Varimpré.
                      Production totale de beurre : 3 kil. 520.

5e PRIX : 100 fr. et une médaille de bronze :

    N° 23. *Bourotte*, à M. FRANCONVILLE, à Caule-Sainte-
    Beuve.   Production totale de beurre : 3 kil. 360.

6e PRIX : 75 fr. et une médaille de bronze :

    N° 28. *Basselle*, à M. CARTIER (Anatole), à Thil-Riberpré.
                      Production totale de beurre : 3 kil. 270.

7e PRIX : 75 fr. et une médaille de bronze :

    N° 19. *Fleurette*, à M. PHILIPPART fils, précité.
                      Production totale de beurre : 3 kil. 265.

8e PRIX : 75 fr. et une médaille de bronze :

    N° 13. *La Neuville*, à MM. LAVOINNE (E. et A.), précités.
                      Production totale de beurre : 3 kil. 125.

9e PRIX : 50 fr. et une médaille de bronze :

    N° 22. *Charmante*, à M. LETAILLEUR (Alfred), à Saumont-
    la-Poterie.   Production totale de beurre : 3 kil. 060.

10e PRIX : 50 fr. et une médaille de bronze :

    N° 18. *Mouchetée*, à M. DUMONTIER, à Ferrières.
                      Production totale de beurre : 3 kil. 005.

11e PRIX : 50 fr. et une médaille de bronze :

    N° 25. *La Belle*, à M. PONCHY (Théodore), à Bihorel.
                      Production totale de beurre : 2 kil. 935.

Prix Spéciaux

PRIX de 75 francs et une médaille d'argent à la vache ayant donné la plus grande quantité de lait :

    Gentille, à M. LEFRANÇOIS (Eugène), à Saint-Pierre-des-Jonquières.
        Production totale de lait : 97 kil. 700.

PRIX de 75 francs et une médaille d'argent à la vache ayant donné le lait le plus riche en matière grasse :

    Imprévue, à M. DUFOUR (Paul), à Londinières.
    Richesse moyenne du lait : 45 grs 64 de matière grasse par litre.

    Le kilo de Beurre avec 19 litres 60 de lait.

Primes aux Trayeurs

Une prime de 10 fr., à M. CARPENTIER (Albert), à Thil-Riberpré.
— 10 fr., à M. BERTHE (Jules), à Thil-Riberpré.
— 5 fr., à Mme COUSIN (Cydalise).
— 5 fr., à Mme COBERT (Anaïse).
— 5 fr., à M. ANCELIN (Lucien).
— 5 fr., à M. AUVRAY (Gaston).
— 5 fr., à M. CAGNIER (Victor).
— 5 fr., à M. CARON (Roger).
— 5 fr., à M. COUTARD (Louis).
— 5 fr., à M. CRESCENT (Henri).
— 5 fr., à M. DONNE (Albert).
— 5 fr., à M. FOURNIER (Emile).
— 5 fr., à M. GAUTIER (Alphonse).
— 5 fr., à M. LÉCUYER (Léon).
— 5 fr., à M. LEGRAS (Lubin).
— 5 fr., à M. LEPLET (Albert).
— 5 fr., à M. ROBERT (Gabriel).
— 5 fr., à M. ROUSSELIN (Eugène).

Concours de Traite

1er PRIX : 10 fr., Mme COUSIN (Cydalise), à Thil-Riberpré.
2e PRIX : 5 fr., M. BERTHE (Jules), à Thil-Riberpré.
3e PRIX : 5 fr., M. CARPENTIER (Albert), à Thil-Riberpré.
4e PRIX : 5 fr., M. COUTARD (Louis), à Haussez.
Mention honorable : M. LEPLAY (Albert), à Caule-Sainte-Beuve.
Mention honorable : M. DONNE (Albert), à Saint-Pierre-des-Jonquières.

Compte rendu du Concours

Par M. F. LAURENT
Vice-Président de la Société (1).

I.

Son Objet.

Nous assistons à une réorganisation complète des Concours Agricoles. Les cadres habituels de ces manifestations périodiques de la première de nos industries nationales apparaissent surannés. En leur temps, ils ont certai-

---

(1) Ce compte rendu a été publié par le « Journal de Rouen » dans ses numéros des 12, 19 et 26 juin et du 3 juillet 1906.

nement rendu des services, mais le progrès comporte des modifications inces-
santes et, à demeurer immuable, ce qui fut bien à un moment donné devient
fatalement médiocre, sinon mauvais. C'est en étudiant ce qui se passe à
l'étranger, en relevant les progrès considérables accomplis en matière d'éle-
vage par nos concurrents, en examinant leurs méthodes de sélection, qu'on
s'est enfin aperçu que nous marquions le pas. A cette constatation, un souffle
puissant de rénovation s'apprête à bouleverser les vieux errements. Le premier, l'Etat donne l'exemple et recherche les améliorations qui s'imposent.
La création, puis la multiplication des Concours spéciaux, ont constitué une
innovation très appréciée ; le remplacement des Concours régionaux par les
Concours nationaux marque une nouvelle étape, qui sera sans doute très
rapidement franchie.

Mais les méthodes mêmes d'appréciation et de classement des animaux
réclament des modifications urgentes, un bouleversement encore plus complet. Déjà, les régions du Centre et de l'Est de la France sont entrées dans le
mouvement et, dans certains Concours spéciaux, à Moulins, à Nevers, à
Bourges, la méthode suisse de pointage a été appliquée avec succès ; les
« tabelles » ont fait leur apparition. Avec ces tabelles, les jurés ne classent
plus les animaux de façon empirique, en s'en tenant à leur point de vue personnel, souvent trop exclusif. Des règles précises leur sont imposées ; on
leur demande d'attribuer des notes, variant de 0 à 10, à chaque aptitude, à
chaque partie du corps de l'animal qu'ils ont à examiner, et ces notes bénéfi-
cient de coefficients différents, déterminés à l'avance, dont l'influence sur le
classement est prépondérante. Une plus grande régularité dans l'attribution
des prix, une excellente leçon de choses pour le public qui, grâce à l'affichage
du tableau de pointage de chaque animal, apprend à en découvrir les qualités et les défauts, tels sont les avantages essentiels qui en découlent.

Suivant les régions, suivant les races, les tableaux de pointage sont à
modifier. La race bovine normande, chez laquelle les aptitudes laitières présentent une valeur au moins égale à la production de la viande, ne peut être
jugée d'après le même procédé que la race charolaise. Pour cette dernière, en
effet, la production laitière ne compte pour ainsi dire pas, à telle enseigne
qu'à Nevers, au Concours spécial d'avril dernier, les caractères laitiers n'en-
traient que pour un quarantième seulement dans le total des coefficients des
tables de pointage.

L'appréciation des vaches normandes, comme celle des bêtes des diverses
races laitières : flamande, hollandaise, bretonne, jersiaise, etc., comporte un
examen attentif des aptitudes laitières. La question est de savoir s'il est possible de juger ces aptitudes par les indices laitiers et beurriers extérieurs :
volume et conformation du pis, veines, écusson, sécrétion sébacée et
cérumineuse, couleur indienne de la peau, papilles de la bouche, etc...
Certainement, en faisant une étude méthodique de ces différents indices, en
attribuant à chacun d'eux une valeur conventionnelle minutieusement discutée
à l'avance, on arrive à des approximations, mais ce n'est pas suffisant. Seuls,

des essais pratiques permettent d'acquérir la connaissance précise de ces facultés laitières et beurrières.

A-t-on jamais fait des essais pratiques sérieux dans les étables normandes ? La question a été débattue au cours de ces dernières années. A ceux qui soutenaient la négative, on a opposé que, dans certaines fermes du Cotentin et du Val-de-Saire, ce berceau de la race, les éleveurs avaient coutume de mesurer soigneusement le lait et d'en évaluer la richesse à l'aide du densimètre et du crémomètre.

Qu'on admette le bien fondé de cette assertion, encore qu'elle ne s'applique qu'à des cas exceptionnels et vise seulement le contrôle du lait à l'aide du densimètre et du crémomètre, c'est-à-dire une méthode absolument insuffisante, l'évidence n'en est pas moins là, contre laquelle on ne peut s'élever. Depuis quelque trente ans, la conformation des bovidés normands a été beaucoup améliorée, l'aptitude à l'engraissement et la précocité ont également augmenté, le progrès est très net sur ce point, mais la production du lait a été sacrifiée à la conformation. Il a semblé aux éleveurs que cette magnifique aptitude laitière, qualité fondamentale de la race normande, se conserverait facilement et qu'ils devaient porter leurs efforts d'un autre côté. La faute est incontestable. Fort heureusement, il est temps de réagir, le mal n'est pas prononcé. La production laitière a sans doute légèrement baissé, si l'on en croit les marchands de bestiaux de la région parisienne, qui prétendent ne plus trouver aussi facilement qu'autrefois, à Villers-Boccage, le grand marché aux vaches de Basse-Normandie, les fortes laitières que leur demandent les nourrisseurs de la banlieue de Paris et les fromagers de la Brie. Néanmoins, le lait reste encore fort abondant et sa teneur en matière grasse très satisfaisante. Une sélection rationnelle permettrait d'assurer à tout jamais à la vache normande le premier rang parmi les meilleures laitières.

Comment y parvenir ? Sur ce point, il est facile de se mettre d'accord. Depuis quelques années, la Société nationale d'encouragement à l'agriculture, à qui l'on est déjà redevable de tant d'heureuses initiatives, préconise les concours beurriers. Au récent Congrès international de laiterie de Paris, en octobre dernier, bien que la question ne figurât pas au programme des travaux, elle a été abordée par plusieurs rapporteurs. M. Delphin-Sagot, vice-président de l'Association centrale des laiteries coopératives des Charentes et du Poitou, a réclamé un nouveau mode de classement des vaches laitières dans les concours, en prenant uniquement pour base la quantité du lait et sa richesse en matière grasse. De son côté, M. Hansson, agronome suédois, a attiré l'attention des congressistes sur les sociétés de contrôle de production laitière. Originaires du Danemark, où la première fut fondée en 1895, ces sociétés sont aujourd'hui très répandues dans les Etats scandinaves, en Allemagne et en Finlande ; au début de 1905, le Danemark n'en comptait pas moins de 390, la Suède et la Norvège 442 et l'Allemagne 63.

Syndicats de contrôle laitier et Concours beurriers, voilà les deux instruments indispensables pour l'amélioration des races laitières, à laquelle on arrivera progressivement mais sûrement par la recherche des animaux les mieux doués, puis par la création de familles à aptitudes laitières développées. Ces deux instruments ne font pas double emploi, mais se complètent très heureusement. Chacun a son rôle propre : au concours beurrier de faire œuvre de vulgarisation, de donner l'élan utile, de reconnaître publiquement et de récompenser les résultats obtenus ; au syndicat de contrôle de surveiller l'œuvre patiente et de longue haleine de la sélection, de fournir aux éleveurs les moyens matériels de faire toutes constatations utiles, de recueillir les indications désirables.

Personne n'ignore le succès des Concours beurriers de nos voisins d'outre-Manche. Depuis deux ou trois ans, à maintes reprises, la plupart des périodiques agricoles ont entretenu leurs lecteurs des Concours de Jersey. On sait qu'ils consistent à traire publiquement les vaches, puis à écrémer le lait ; enfin, à fabriquer du beurre avec la crème recueillie ; les récompenses vont naturellement aux bêtes qui produisent la plus grande quantité de beurre en un temps déterminé. Il y a ainsi chaque année, à Jersey, deux sortes de concours : d'abord, un concours communal, dans chacune des douze « paroisses » de l'île ; puis, quelques semaines plus tard, un concours central à Saint-Hélier, auquel prennent part les lauréats des concours communaux. Le lait recueilli et dont la crème est convertie en beurre est seulement celui des traites d'une journée.

En Angleterre, à l'occasion de son grand Concours annuel, le « Royal Show », la Société Royale d'Agriculture organise également des épreuves beurrières du même genre. Ici, les traites publiques se poursuivent parfois pendant deux jours et les mottes de beurre servant au classement sont alors celles qui proviennent du lait des traites des deux jours.

Les résultats de ces concours beurriers, les services qu'ils rendent sont des plus importants. Ils ont démontré que la race jersiaise était la première beurrière du monde. C'est à eux, ainsi qu'à une sélection extrêmement rigoureuse et garantie par un Herd Book tenu de façon irréprochable, que les éleveurs de Jersey doivent de vendre leurs animaux à des prix très élevés, parfois décuples de ceux pratiqués de ce côté de la Manche. Ne cite-t-on pas des taureaux jersiais vendus 25.000 et même 37.500 francs ; des vaches qui ont trouvé preneurs à 18.500 francs ? D'ailleurs, les progrès sont constants. Au début des concours beurriers de Jersey, en 1893, les meilleures productions de beurre dépassaient à peine le kilo par jour, tandis qu'actuellement on relève communément des rendements de plus de trois livres anglaises, soit plus de 1.440 grammes ; la vache, lauréat du premier prix de Saint-Hélier, en 1904, a produit 1.620 grammes de beurre en un jour.

En présence des résultats remarquables de ces essais pratiques, la Société Centrale d'Agriculture de la Seine-Inférieure a tenu à entrer, sans plus tarder, dans la même voie. Sous la direction de son éminent président, M. Lormier, elle a pris une initiative qui promet d'être féconde. Le Concours beurrier de Forges-les-Eaux, le premier du genre en France, a répondu à une double pensée : faire connaître, non seulement en Seine-Inférieure, mais encore dans la France entière, une organisation qui rend tant de services à l'étranger; prouver que la race bovine normande mérite parfaitement sa réputation d'excellente laitière et qu'elle compte des sujets remarquables qui n'ont rien à envier, à ce point de vue, aux meilleures des races concurrentes.

En outre, le Concours de Forges a constitué une grande expérience, une sorte d'épreuve de la méthode d'analyse chimique du lait à l'aide de l'appareil Gerber, son contrôle au moyen de la fabrication du beurre. Les Anglais s'en tiennent à cette dernière méthode, celle qui frappe le plus les yeux ; dans leurs Concours beurriers, on ne voit effectuer aucune analyse. En France, on patronne plutôt actuellement l'analyse chimique du lait à l'aide du Gerber, car l'installation difficile du Concours beurrier anglais effraie et paraît trop coûteuse. C'est à établir un parallèle entre ces deux méthodes, à les vérifier l'une par l'autre que la Société Centrale d'Agriculture de la Seine-Inférieure s'est attachée, ce qui, en outre de la nouveauté du Concours beurrier en France, a donné à son entreprise un cachet tout particulier.

II

L'Organisation et les Opérations.

Par sa situation au centre de cette magnifique région herbagère et grande productrice de lait qu'est le Pays de Bray, par la réputation universelle des excellents beurres de son rayon, la ville de Forges-les-Eaux était plus désignée qu'aucune autre localité pour devenir le siège du Concours beurrier que la Société centrale d'Agriculture de la Seine-Inférieure avait décidé d'organiser. D'ailleurs on y trouve réunis à proximité, de façon très heureuse, les différents emplacements indispensables pour la tenue d'un concours de ce genre : des herbages de première qualité, où l'alimentation des animaux est assurée dans des conditions exceptionnelles ; un Marché aux bestiaux fort bien aménagé, constituant un « ring » idéal pour l'exécution de la traite ; enfin, une halle aux beurres qui se prête merveilleusement à l'installation d'une laiterie et qui, sise au milieu même de la grande place publique de la ville, permet de poursuivre, sous les yeux de tous les intéressés, les diverses opérations du contrôle du lait et de la fabrication du beurre. Faut-il ajouter que le concours empressé de la municipalité et de tous les habitants de Forges a singulièrement facilité la tâche de la Société centrale d'agriculture? De même, les généreuses subventions des représentants de la région, notamment celles de M. Bouctot, député de l'arrondissement de Neufchâtel, et de M. Gervais, sénateur de la Seine-Inférieure, lui ont apporté une aide pécuniaire précieuse.

Le concours commence le jeudi 31 mai, jour de grand marché à Forges. Dès deux heures de l'après-midi, alors que le Marché aux vaches, si animé toute la matinée, est devenu libre, et tandis que la vente du beurre bat encore son plein sous la Halle, près de laquelle sont déposés, en attendant le moment de l'installation, le matériel de laiterie expédié par la maison Simon frères, de Cherbourg, et les appareils de laboratoire provenant de la station agronomique de Rouen, les vaches concurrentes arrivent par petits groupes. Elles passent devant la Commission de réception qui les examine minutieusement et recherche si chacune d'elles présente bien les caractères purs de la race normande et si l'état de sa dentition lui donne le droit de concourir dans la catégorie pour laquelle elle a été déclarée. De plus, à titre documentaire, on les juge d'après un tableau de pointage exclusivement affecté aux indices laitiers et beurriers. Ainsi examiné et noté, puis la tête ornée d'une petite plaque émaillée sur laquelle se détache en chiffres très apparents son numéro d'ordre du catalogue, chaque animal est conduit à l'herbage où il restera jusqu'à la traite qui doit avoir lieu à six heures du soir.

C'est un grand herbage planté, à l'herbe abondante et fine, d'une surface de plus de trois hectares, qui reçoit les trente bêtes, laissées libres de toute entrave. On ne peut guère lui faire qu'un seul reproche, celui d'avoir plutôt trop d'herbe. L'eau de la ville, apportée à l'aide d'un tonneau du service vicinal, se trouve déposée dans plusieurs bassins, tenus constamment remplis ; c'est presque du luxe, car l'herbage possède déjà une excellente mare, aux trois quarts pleine. Un second herbage, contigu et de même qualité, devait servir pour les vaches mises au piquet ou pour celles qui se montreraient méchantes ; il n'a été utilisé que pendant quelques heures et pour deux bêtes seulement.

Le programme laisse toute latitude aux exposants pour l'alimentation de leurs animaux ; ils sont libres de compléter le pâturage par tous aliments de leur choix, distribués pendant la traite. On s'étonne de cette disposition et on demande pourquoi tous les animaux ne sont pas soumis au même régime. En fait, le régime reste le même pour la plupart des vaches concurrentes. Il ne pouvait en être autrement, car à cette époque de l'année, le pâturage constitue bien la meilleure alimentation pour les vaches laitières et ce n'est pas un léger supplément d'aliments secs, son, tourteaux ou moutures diverses, qui doit exercer une influence sensible sur la production laitière. Mais cette facilité laissée aux exposants a sa raison d'être pour les bêtes souffrant du déplacement ou d'une indisposition quelconque, ce qui se présente d'ailleurs pour quelques-unes d'entre elles au cours des trois jours de traite, à la suite des ondées violentes et glaciales qui ne surviennent que trop fréquemment pendant la durée du concours. Aussi bien, pour qui se rend compte des conditions nombreuses auxquelles doivent satisfaire les essais d'alimentation et des précautions minutieuses à observer à leur endroit, il ne saurait être question d'en tenter l'organisation à l'occasion d'un concours beurrier.

Les opérations les plus simples, celles dont on apprécie le mieux les résultats, retiennent toujours la préférence du public. Aussi, chaque fois que le temps le permet, les curieux se pressent-ils nombreux derrière les barrières d'où ils peuvent suivre les différentes phases de la traite et des pesées du lait. Quelques minutes avant l'heure fixée pour la traite, renouvelée trois fois par jour, à cinq heures du matin, à onze heures et à six heures du soir, le vendredi, le samedi et le dimanche, les bêtes sont amenées de l'herbage au Marché aux vaches et attachées aux places numérotées qui leur sont affectées, rangées par catégorie et dans l'ordre du catalogue. A l'heure exacte, au coup de sifflet du commissaire, tous les trayeurs commencent ensemble leur besogne.

Pour éviter toute discussion à l'occasion d'une maladresse possible et du renversement du lait, chaque trayeur est tenu d'apporter jusqu'à la bascule servant aux pesées le lait qu'il recueille, et là le verse lui-même, à travers un tamis, dans le broc marqué au numéro de sa vache. Alors seulement, le lait se trouve manipulé par les employés attachés au concours. Chaque broc, soigneusement taré, est pesé sur une bascule très sensible, en présence des exposants et du public, puis plombé avant d'être chargé sur la petite voiture qui le transporte à la laiterie.

Dès son arrivée sous la halle aux beurres, il est soumis à la délicate opération de l'échantillonnage, effectuée avec de minutieuses précautions par le dévoué secrétaire du bureau de la Société centrale d'agriculture, M. Grille. C'est là, en effet, affaire d'importance. Qu'on laisse le lait au repos dans une éprouvette, pendant quelques minutes seulement, et on voit la crème monter de suite, si bien que l'échantillon pris dans ces conditions serait loin de représenter la composition moyenne du lot du lait. Cette cause d'erreur est donc soigneusement évitée, et l'échantillon de 25 à 30 centimètres cubes nécessaire aux chimistes, prélevé immédiatement après le déplombage du broc et une agitation énergique du lait. Puis, le commissaire remplit une grande éprouvette et y plonge le lacto-densimètre de Dornic, qui permet de prendre à la fois la densité et la température du liquide. Une table spéciale sert à corriger la densité, c'est-à-dire à trouver celle qui correspond à là température de 15 degrés centigrades. Ensuite, il devient facile de déduire mathématiquement le volume du lait de son poids et de sa densité, détermination indispensable pour l'analyse du lait par l'appareil de Gerber.

Ces préliminaires terminés et le lait qui a servi à la prise de densité étant rejeté dans le broc, les chimistes et les employés de la laiterie se mettent à l'œuvre. Sous la direction de M. Houzeau, le savant directeur de la station agronomique de la Seine-Inférieure, qui est venu surveiller en personne ces délicates manipulations, les habiles chimistes du grand laboratoire départemental procèdent au contrôle de la matière grasse du lait à l'aide de l'appareil du Dr Gerber. Le principe de l'opération est le suivant : en ajoutant au lait de l'acide sulfurique et de l'alcool amylique, la caséine se trouve dissoute et, si l'on soumet le mélange à la force centrifuge, la matière grasse est entièrement séparée. Pour chaque dosage, onze centimètres cubes

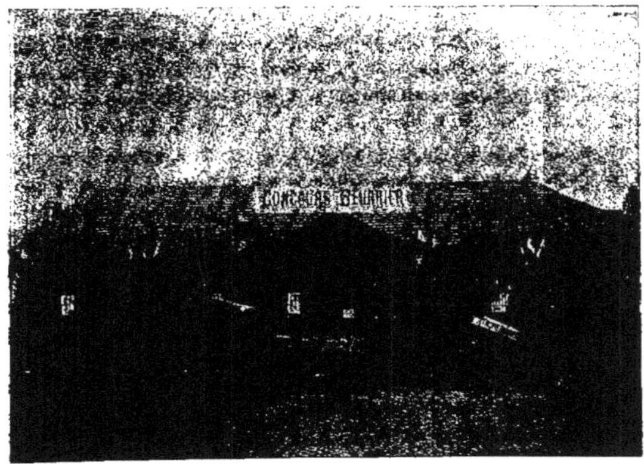

HALLE AUX BEURRES DE FORGES

—

*Laiterie et Laboratoire
du Concours*

AU CHAMP DE TRAITE

—

Les préparatifs d'une traite

APRÈS LA TRAITE

—

Les Commissaires pèsent le lait

de lait, dix c. c. d'acide sulfurique à 1065° Baumé et un c. c. d'alcool amylique pur sont introduits dans un tube spécial, dit acido-butyromètre, terminé par une partie soigneusement calibrée et graduée. Après fermeture à l'aide d'un bouchon en caoutchouc et agitation énergique du mélange en vue de parfaire la réaction qui s'opère entre les liquides en présence, les butyromètres sont placés dans une centrifuge *ad hoc*, par série de 8, et la machine est mise en mouvement pendant deux ou trois minutes. A la sortie de la centrifuge, dans chaque butyromètre, on trouve la matière grasse rassemblée dans la partie graduée. Une rapide lecture donne le nombre des divisions occupées par la colonne de matière grasse et, par suite, la richesse du lait, car chaque division correspond exactement à un gramme de matière grasse par litre de lait.

Opération toute mécanique, le contrôle du lait au Gerber apparaît au public comme très simple. Il n'en faut pas moins prendre certaines précautions : mesurer soigneusement le lait, l'alcool et l'acide, ce qui se fait pour ce dernier à l'aide d'une burette automatique, afin d'aller plus vite et d'éviter tout accident, puis, avant comme après le passage à la centrifuge, laisser les butyromètres quelques minutes dans un bain-marie pour faire prendre la température la plus favorable. Familières à des chimistes de profession, ces manipulations exigent cependant une grande dextérité qui ne s'acquiert qu'après un long apprentissage.

L'écrémage, dans un concours beurrier, présente maintes difficultés. Il faut d'abord obtenir un fonctionnement extrêmement régulier des diverses écrémeuses dont on se sert, et surtout, pour chacune d'elles, assurer un nettoyage parfait entre le passage de deux lots de lait. En effet, il ne peut être question de démonter les machines après l'écrémage de chacun des trente lots, car le travail s'éterniserait et demanderait trop de temps ou un nombre par trop considérable de centrifuges. Des expériences répétées faites par M. Archambault, le très habile directeur de la beurrerie-fromagerie de Vieux-Rouen-sur-Bresle, qui a bien voulu assumer un tâche absorbante et délicate entre toutes, avec la direction des diverses opérations de laiterie au concours beurrier, avaient prouvé qu'il suffit de passer, dans une écrémeuse en pleine vitesse, une quantité d'eau ou de lait écrémé au moins égale à celle que peut contenir le bol de l'appareil, pour que le nettoyage en soit suffisant, c'est-à-dire toute la crème chassée. En conséquence, les deux écrémeuses, du débit de 250 litres à l'heure l'une, employées au concours, restent en pleine vitesse tant que dure l'écrémage d'une traite. Après le passage de chaque lot de lait, il est simplement versé deux litres d'eau tiède pour faire sortir toute la crème restée dans la machine.

Afin d'éviter toute erreur, les soixante brocs affectés au lait et à la crème des trente vaches, portent des numéros très apparents, de couleur bleue pour le lait, rouge pour la crème. A l'issue de chaque opération d'écrémage, tous les brocs à crème sont pesés avant d'être renfermés dans le local spécial édifié à leur intention et qui n'est point la partie la moins intéressante de l'installation. Pour conduire la fermentation de la crème de façon rationnelle, il a fallu construire un grand bassin cimenté, de quatre mètres de long sur un mètre de large et cinquante centimètres de profondeur. Les trente brocs à crème y sont alignés côte à côte, immergés en partie dans une eau soigneusement maintenue à la température convenable. De la glace, expédiée de Rouen, et de l'eau chaude, fournie par une buanderie qui reste allumée nuit et jour pendant toute la durée du concours, permettent de refroidir ou de réchauffer tour à tour, suivant les besoins, l'eau de ce bassin.

Ces quelques détails montrent les difficultés et les dépenses d'installation des laiteries provisoires nécessaires pour la tenue des concours beurriers. Il faut disposer constamment d'eau froide et d'eau chaude, en abondance, tant pour le bassin à crème que pour le nettoyage des brocs à lait et des différents appareils de la laiterie. De nombreuses conduites sont indispensables, les unes pour amener l'eau sous pression, les autres pour enlever les eaux de lavage, et aussi une aire cimentée imperméable, tout comme s'il s'agissait d'une installation définitive.

Quant à la conduite des écrémeuses et des autres appareils utilisés pour le traitement du lait et la fabrication du beurre, on se rend facilement compte de toutes les précautions à prendre pour éviter les critiques. Avec les écrémeuses, par exemple, pour peu que les hommes chargés de les actionner ne tournent pas tout à fait aussi régulièrement, au début surtout, les exposants ne manqueront pas de relever les différences de vitesse, ne fussent-elles que de quatre ou cinq tours de manivelle par minute, et en concluront que l'écrémage, parfait pour le lait de telle vache, reste insuffisant pour celui de telle autre bête. Avec le barattage, avec le malaxage, des critiques de même ordre peuvent se produire. Désireuse de les prévenir et soucieuse de montrer sa volonté de conduire les opérations de façon aussi parfaite que possible, la Société centrale d'agriculture avait décidé de tout contrôler par l'analyse chimique. Pour chaque lot de lait écrémé, comme plus tard pour chaque lot de babeurre, un échantillon est prélevé et passé au Gerber. Ainsi, grâce à cet appareil, on s'assure si un lait écrémé ou un babeurre renferme des traces appréciables de matière grasse, c'est-à-dire si une opération quelconque a laissé à désirer. Les chiffres relevés par les chimistes prouvent que rien n'a prêté à la critique de ce côté; les exposants en trouveront la preuve dans les tableaux que doit bientôt publier la Société centrale d'agriculture.

Imposées par la prudence, ces multiples analyses ne laissent pas de constituer un travail considérable. A raison des trois traites quotidiennes des vendredi, samedi et dimanche, et des opérations subséquentes d'écrémage, les chimistes sont amenés à contrôler chaque jour, à l'aide du Gerber, 90 échantillons de lait pur et 90 échantillons de lait écrémé, soit avec quelques vérifications effectuées en double, environ deux cents analyses par jour et six cents analyses pendant la durée du Concours.

Avec le lundi, cinquième et dernier jour du Concours beurrier, viennent les opérations les plus intéressantes. Dès cinq heures du matin, les dix

barattes fournies par la maison Simon frères, de Cherbourg, sont alignées
en une seule rangée, sous la Halle aux Beurres ; deux malaxeurs à fuseau
leur font face, tandis qu'un peu plus loin, sur une troisième ligne, des tables
de marbre sont préparées pour la mise en mottes du beurre. Quinze employés,
revêtus de blouses blanches et munis de brassards rouges, sur lesquels se
détachent en laine blanche les initiales de la Société Centrale d'Agriculture,
se trouvent là, chacun à son poste, attendant les ordres de M. Archambault,
qu'assistent sept autres Commissaires, tandis que M. Houzeau et ses deux
chimistes s'apprêtent, pour leur part, à recueillir les échantillons de crème,
de babeurre et de beurre destinés à l'analyse.

Un signal est donné et les dix barattes sont mises en mouvement après
que chacune a reçu l'un des dix premiers lots de crème. Quinze, vingt, trente
minutes s'écoulent, puis sur les ordres des Commissaires chargés spéciale-
ment de cette surveillance, on arrête successivement les barattes dans lesquelles le beurre est formé. Celui-ci est lavé dans la baratte même, suivant
la coutume normande, puis débarrassé de son babeurre à l'aide d'un tamis et
porté dans un cageot, dûment numéroté, jusqu'au malaxeur ; de là, il passe
aux mains du mouleur. Entre les spatules maniées par les mains expertes
de M. Daigue fils, marchand de beurre en gros à Forges, qui prête gracieusement son concours à la Société Centrale d'Agriculture, le beurre de chaque
vache est pétri en une motte cylindrique ; cette motte est entourée d'un léger
calicot mouillé, puis pesée très exactement et déposée sur l'étagère garnie de
linge blanc, qui a été dressée bien en vue du public.

Après le traitement de son premier lot de crème, chaque baratte, soigneusement lavée à l'eau chaude, ensuite à l'eau froide, reçoit un second lot de
crème, puis un troisième. Au bout de trois heures d'un travail ininterrompu,
sous les yeux de nombreux curieux qui, de l'enceinte qui leur a été réservée
sous la halle même, suivent avec intérêt les diverses phases de la fabrication du beurre, tout est terminé. Successivement, les mottes de beurre qui
proviennent des trente vaches concurrentes ont été alignées sur l'étagère ;
dans chacune est fichée une petite plaque émaillée qui porte le numéro de la
vache, tandis qu'un carton placé au pied indique le poids de cette production
de trois jours.

Cette exposition des beurres est suggestive au possible et intéresse vive-
ment la foule compacte qui se presse de toutes parts autour des grilles de la
halle. Les mottes voisinent, dans l'ordre même qu'ont au catalogue les
vaches concurrentes ; aussi s'amuse-t-on des grosses différences relevées
entre elles. Voici, en effet, entre deux mottes de six livres l'une, un pain de
beurre minuscule dépassant à peine le kilo ; trois rangs plus loin, c'est la
superbe motte de plus de 4 kilos qui détient le record du concours. Le classement se trouve vite fait et chacun l'embrasse d'un coup d'œil, avant même
que les secrétaires aient dressé le palmarès. Enfin, MM. Archambault et
Daigue dégustent les beurres, notent leurs qualités et prélèvent les échantillons dont les chimistes ont besoin pour doser la teneur en matière grasse

et contrôler la régularité du malaxage. C'est la dernière phase des innombrables manipulations qui se poursuivent depuis quatre jours, et ont astreint à une tâche passionnante mais extrêmement fatigante, de cinq heures du matin à huit heures et demie du soir, tous ceux qui, à un titre quelconque, commissaires, chimistes, simples manœuvres, ont été appelés à collaborer à ce premier Concours beurrier organisé en France.

III.

Les Résultats.

Longtemps délaissées, les présentations d'animaux deviennent enfin en vogue dans nos Concours. Un peu partout, depuis quelques années, à Paris, à la Galerie des Machines, comme en province, on fait une place de plus en plus large aux rings spéciaux dans lesquels défilént les bêtes primées. La Société Centrale d'Agriculture de la Seine-Inférieure n'a eu garde de négliger cette excellente pratique au Concours de Forges. Le lundi matin, à onze heures, aussitôt l'attribution des récompenses, faite exclusivement d'après le poids du beurre obtenu, ainsi que le prévoit le programme, les lauréats sont présentés sur la grande place publique entre deux haies compactes de curieux.

Dans chaque catégorie, naturellement, l'ordre de présentation est celui du palmarès, et pour qu'aucune confusion ne soit possible, deux précautions sont prises. La première, coutume charmante empruntée à nos voisins d'Outre-Manche, consiste à orner la tête des animaux de cocardes et de flots de rubans, dont la couleur varie avec le prix : rouge, pour le premier prix ; bleue, pour le second ; puis, blanche, jaune et verte pour les troisième, quatrième et cinquième prix. Des cocardes tricolores signalent, en outre, à l'attention, les lauréats des deux prix spéciaux, réservés l'un à la vache qui a fourni la plus grande quantité de lait, l'autre à celle qui a donné le lait le plus riche en matière grasse, et qui s'ajoutent aux prix ordinaires résultant du classement d'après le poids du beurre. Seconde précaution, en vue de renseigner le public de façon précise, le conducteur de chaque bête porte un grand carton sur lequel est inscrit, avec l'ordre de classement de l'animal, sa production quotidienne de lait et de beurre.

Vérifiée de façon rigoureuse, pendant trois jours entiers, cette production n'est pas d'ordre exceptionnel, mais représente, au contraire, le minimum de ce que peut donner chaque bête. En effet, dans un concours de cette nature, éloignées de leurs herbages favoris, changées de leurs habitudes, les vaches ne donnent certainement pas des rendements aussi élevés qu'en conditions normales, lorsqu'elles sont en pleine quiétude et accoutumées de longue date à leur régime. C'est un petit inconvénient, impossible à éviter, mais dont il y a lieu de tenir compte dans l'appréciation des résultats.

Certaines laitières souffrent beaucoup plus que d'autres du déplacement.

Les bêtes nerveuses restent constamment inquiètes et mangent très peu. Contrairement à ce qu'on pourrait supposer, il n'y a pas de relation entre la différence des conditions de milieu et ce fâcheux état. Ainsi, au Concours de Forges, c'est une bête venue du voisinage, de deux kilomètres à peine, d'un herbage tout à fait semblable à celui du Concours, qui a éprouvé la plus forte perte du fait de son déplacement. De 22 à 23 litres de lait, quantité normale, relevée avant le Concours et aussi depuis sa rentrée au milieu de son troupeau, sa production quotidienne est tombée à moins de 16 litres, pendant que la teneur de son lait en matière grasse s'abaissait peut-être encore davantage. C'est là une diminution exceptionnelle, certes, et trois ou quatre bêtes seulement ont été assez dépaysées pour voir leur production se restreindre dans des proportions aussi anormales. Quant aux autres, il en est, par contre, qui se sont comportées comme si rien n'était changé à leurs habitudes. Indifférentes à ce qui les entourait, d'un calme absolu, elles ont pâturé de façon parfaite et leurs propriétaires n'ont constaté qu'une différence insensible, du vingtième ou même seulement du trentième, entre leurs rendements du Concours et ceux des jours précédents. Indication précieuse pour les Concours à venir, les exposants étant incités par là à choisir non seulement les plus fortes laitières, mais aussi celles de tempérament le plus lymphatique, qui subissent le moins l'influence du déplacement.

Le mauvais temps, froid et pluvieux, exceptionnel pour la saison, survenu pendant les premières journées du Concours, n'a pu qu'exagérer les fâcheuses indispositions de certaines bêtes et contribuer à la diminution des rendements. Cette répercussion des conditions climatériques sur la production du lait et sur sa richesse en matière grasse, ressort, du reste, de façon très nette des pesées du lait et des indications du Gerber.

Pourtant, en dépit de cette dépression certaine, dûment constatée, dans la production laitière et beurrière, les rendements obtenus au Concours de Forges ont été des plus satisfaisants. Ceux des bêtes classées en tête sont tout à fait remarquables et les moyennes générales restent, elles aussi, très élevées.

On connaît les maxima publiés déjà à différentes reprises : la plus forte production de beurre s'est élevée à 1.355 grammes par jour ; la meilleure laitière a livré 32 kil. 56 de lait par jour, soit 31 litres 60. ; enfin, le lait le plus riche en matière grasse, accusant une moyenne de 45 grammes 64 par litre au Gerber, a donné le kilo de beurre avec 19 litres 60. Tous ces chiffres résultent de la production moyenne des trois journées de traite ; aussi, en prenant les maxima de chaque journée ou de chaque traite, on trouve des rendements encore meilleurs. C'est ainsi que par deux fois, avec deux vaches différentes, on a relevé un rendement quotidien par bête de 33 kil. 250 de lait. De même, sur 270 échantillons de lait pur contrôlés au Gerber, six ont accusé plus de 70 grammes de matière grasse par litre ; l'un a même atteint le chiffre exceptionnel de 80 grammes.

En ce qui concerne les moyennes générales des 30 bêtes concurrentes, la production quotidienne ressort à 22 kilos 100 de lait et à 903 grammes de beurre. Toutefois, il convient de distinguer entre les deux catégories : la première, renfermant les vaches ayant encore des dents de lait, c'est-à-dire se trouvant seulement à leur premier ou deuxième veau ; la seconde, réservée aux bêtes plus âgées, pourvues de toutes leurs dents de remplacement et par conséquent au plein de leur production laitière. La différence est sensible, surprenante même de prime abord ; la moyenne de la première catégorie n'atteint que 18 kilos 64 de lait et 778 grammes de beurre par jour, tandis que celle de la seconde s'élève à 24 kilos 11 de lait et 975 grammes de beurre.

Evidemment, ces rendements sont élevés et paraissent tels à première vue, mais pour les apprécier à leur valeur exacte, il faut prendre des termes de comparaison. Or, saurait-on mieux faire que se reporter, à cet effet, aux Concours beurriers de Jersey et d'Angleterre ?

Dans le numéro du 25 mai du *Live Stock Journal*, la grande revue anglaise du bétail, on trouve les résultats officiels du récent Concours de Saint-Hélier. 70 vaches y ont pris part, venues de tous les points de Jersey, après avoir obtenu les premières places dans les Concours communaux, et sur cette élite des étables jersiaises, 13 sujets seulement ont reçu des prix ou des « certificats de mérite. » Le premier prix, une vache de 7 ans, donne en une journée le superbe rendement de 3 livres 6 onces et demie de beurre, soit 1.544 grammes, mais c'est là un cas exceptionnel, car la vache classée seconde ne produit plus que 1.360 grammes de beurre, soit à 5 grammes près le rendement du premier prix de Forges, et huit bêtes seulement dépassent le kilo par jour. Les treize lauréats donnent ensemble 14 kil. 345 dans la journée, c'est-à-dire une moyenne de 1.103 grammes par animal.

Consulte-t-on le palmarès de Forges ? On voit avec plaisir que onze des trente bêtes concurrentes dépassent le kilo de beurre par jour. Cependant il ne s'agit pas, comme à Jersey, d'un Concours au second degré ouvert entre animaux déjà primés. Les vaches ayant pris part au Concours de Forges sont, à n'en pas douter, d'une classe bien supérieure à la moyenne des laitières du département et toutes proviennent de très bonnes étables, mais pourtant, conformément aux dispositions du programme, ce sont les 30 premières vaches déclarées qui ont été admises, sans autres conditions que celles de race, d'âge et de poids. Si l'on veut pousser la comparaison plus loin et qu'on additionne la production des 13 plus fortes beurrières de Forges, on obtient un total de 42 kilos 295 de beurre pour les trois jours, soit 14 kilos 431 par jour pour l'ensemble et 1.110 grammes par vache. Cette moyenne dépasse ainsi de 7 grammes celle de Saint-Hélier.

La comparaison avec le Concours beurrier du Royal Show de 1905 est encore plus favorable aux normandes. La Société Royale d'Agriculture d'Angleterre admet à son Concours beurrier les vaches de toutes les races du Royaume-Uni, sans limite d'âge, semble-t-il, puisqu'on a vu figurer à ce Concours, à Londres, en juin 1905, deux vaches de onze ans. On se borne à les répartir en deux catégories : vaches pesant plus de 900 livres anglaises, soit environ 408 kilos, et vaches n'atteignant pas ce poids. 35 bêtes sont entrées en lice au Concours de 1905 : 15 dans la catégorie des plus légères, toutes jersiaises à part 2 vaches de la race de Guernesey : 20 dans la catégorie des poids lourds, appartenant à différentes races, à celles de Shorthorn, Red Poll, Devon, Lincoln, Guernesey et aussi de Jersey, ce qui démontre, entre parenthèses, que les jersiaises d'Angleterre sont sensiblement plus lourdes que nos jersiaises de France. Avec un poids vif moyen de 506 kilos, les 20 vaches de la 1re catégorie donnent 21 kilos 46 de lait et 754 grammes de beurre, par bête et par jour ; les 15 vaches de la 2e catégorie, dont le poids moyen ne dépasse pas 384 kilos, produisent 17 kilos 23 de lait et 845 grammes de beurre. L'influence de la race jersiaise, avec son lait exceptionnellement riche en matière grasse, explique le relèvement sensible du rendement en beurre, dans cette seconde catégorie, en dépit de la diminution de la production laitière.

Un simple rapprochement avec les moyennes du concours de Forges, où le poids vif moyen des vaches a été respectivement de 568 et de 607 kilos pour les deux catégories, démontre la supériorité des vaches normandes. Les excédents en leur faveur sont très importants.

Mais, diront peut-être les critiques très sévères, si les productions de beurre obtenues au concours de Forges sont élevées, il y a moins à se féliciter de la richesse du lait en matière grasse, de ce que les Anglais appellent le rapport du lait au beurre et qui indique les quantités de lait nécessaires pour la fabrication d'un kilo de beurre.

À Saint-Hélier, en mai dernier, ce rapport a été particulièrement excellent ; pour les treize bêtes primées, il a oscillé entre 11.86 et 16.59, et sa moyenne est restée de 14,60, c'est-à-dire que le kilo de beurre a été obtenu en moyenne avec seulement 14 kilos 60 de lait. A Forges, le rapport moyen, pour les 30 bêtes concurrentes, a été de 24,47 ; pour produire un kilo de beurre, il a fallu 24 kilos 47 de lait, correspondant à 23 litres 65. Le meilleur rapport individuel n'a pas été moindre de 20,30 ; les deux plus mauvais se sont élargis jusqu'à 30,06 et 36,98. Il en résulte de toute évidence, et personne ne songe à le discuter, que le lait de la jersiaise est infiniment plus riche en matière grasse que celui de la normande. Toutefois, en se reportant aux chiffres publiés par le « Live stock journal » pour le Royal Show de 1905, les rapports du lait au beurre sont loin d'être aussi merveilleux que ceux de Saint-Hélier. Pour les jersiaises elles-mêmes, placées sans doute en conditions moins favorables qu'à Saint-Hélier, le rapport s'élargit ; le minimum est de 15,01, mais à côté on relève des 17, des 19, voire exceptionnellement un 26,41. Avec les vaches des autres races, ce sont des 40, des 50 et même un 62,96. Bref, le rapport moyen des 20 animaux de la 1re catégorie, parmi lesquels 8 jersiaises, est de 28,45 ; celui des 15 vaches de la 2e catégorie, comprenant 13 jersiaises et 2 laitières de Guernesey, atteint encore 21,29.

Le rapport de 24,47, constaté à Forges, n'est donc pas si médiocre qu'on pourrait le dire. D'ailleurs, si le concours avait eu lieu par une période de sécheresse au lieu de se tenir par un temps pluvieux succédant par surcroît à une longue période humide, l'herbe eût été plus nourrissante, plus riche en matière sèche, et le rapport du lait au beurre plus resserré. Tel quel, il reste très honorable et le concours de Forges a bien fait ressortir nettement et sur tous points, comme l'espéraient ses organisateurs, les remarquables aptitudes laitières de la vache normande.

IV

Les Démonstrations

Leçon de choses à la portée des agriculteurs, cours de chimie appliquée à l'industrie laitière, grande expérience scientifique, le concours beurrier de Forges-les-Eaux fut tout cela : la Société centrale d'agriculture de la Seine-Inférieure en avait décidé ainsi et tous les visiteurs ont dû convenir que son but était pleinement atteint. Du commencement à la fin du concours, toutes les opérations ont revêtu ce caractère à la fois scientifique et démonstratif, mais il n'y en eut pas de plus intéressante à ce point de vue, ni de plus suivie, que le contrôle du lait au Gerber. Que de stations devant les tableaux noirs sur lesquels sont inscrits, au fur et à mesure des analyses, les chiffres indiquant la richesse du lait en matière grasse ! Les rendements quantitatifs en lait retiennent déjà l'attention, car ils permettent des comparaisons sérieuses entre les bêtes concurrentes, mais que de discussions passionnées, que de surprises aussi avec le Gerber !

Y a-t-il concordance entre les indications de cet appareil et les rendements en beurre? Tel est le problème que la Société centrale a tenu à mettre les intéressés en mesure de résoudre eux-mêmes. L'essentiel, en effet, pour propager les méthodes scientifiques en agriculture, est de faire toucher du doigt, une fois pour toutes, les heureux résultats auxquels on peut arriver par leur mise en pratique. Pour le Gerber, appareil inconnu jusqu'alors de la grande masse des agriculteurs normands, et le seul pourtant qui puisse donner exactement et rapidement la richesse du lait en matière grasse, la démonstration était d'une utilité incontestable.

Le fond de la question ne peut être tranché qu'en comparant le poids des mottes de beurre avec la production totale de matière grasse pour chaque bête d'après le Gerber. Or, sur 30 vaches, il s'en trouve 3 seulement pour qui le poids du beurre obtenu reste inférieur à celui de la matière grasse du lait. Mais, pour être tout à fait précise, la comparaison doit avoir lieu entre le poids du beurre obtenu et le poids du beurre calculé de façon théorique, en multipliant la quantité de matière grasse par ce qu'on a appelé le facteur de rendement. En effet, comme on le sait, le beurre n'est pas formé exclusivement de matière grasse, mais il renferme également des matières étrangères et surtout de l'eau ; les beurres bien fabriqués dosent en moyenne 84 0/0 de matière grasse. En admettant qu'on retire du lait 94 0/0 de sa

Au coup de sifflet du Commissaire
la traite va commencer

matière grasse, ce qui suppose déjà une fabrication très satisfaisante et des pertes peu sensibles tant à l'écrémage qu'au barattage, et en comptant 84 0/0 de matière grasse dans le beurre, le facteur de rendement est de 1,12.

A Forges, la richesse moyenne des beurres en matière grasse s'étant élevée à 89 0/0, d'après les résultats des analyses effectuées par les chimistes, le facteur de rendement, toujours avec un taux d'extraction de 94 0/0, s'abaisse à 1,05. Tous les calculs étant faits sur ces données, le poids réel de la motte de beurre demeure légèrement supérieur au poids théorique pour 22 vaches ; la fabrication a donc été parfaite, comme l'a prouvé le contrôle au Gerber, du petit lait et du babeurre. Pour trois autres vaches, il y a une petite différence en moins, mais absolument insignifiante, car elle est seulement de 6, 9 et 13 grammes pour la production globale de trois jours de traite. Mais, pour trois animaux, le poids de la motte de beurre reste inférieur de plus de 250 grammes à ce qu'on pouvait espérer d'après les chiffres du Gerber. Des cinq vaches accusant une moins-value sensible, trois sont précisément celles qui ont été les plus dépaysées pendant le concours et qui n'ont pas rendu, à beaucoup près, ni en quantité de lait, ni en richesse au Gerber, ce que leurs propriétaires en attendaient. Y a-t-il corrélation entre cette indisposition et la discordance du Gerber avec la production du beurre ! C'est très probable. En tous cas, pour la grande majorité des animaux, la concordance entre les résultats du Gerber et ceux de la fabrication du beurre est plus que suffisante pour démontrer l'excellence du procédé de contrôle.

L'exactitude de l'appareil reconnue, il reste des indications particulières très intéressantes à signaler et qui conduisent à des conclusions très nettes au sujet de son emploi. Il apparaît clairement, tout d'abord, que les essais isolés portant sur une traite ou deux ne signifient rien. Au dernier Congrès international de laiterie, à Paris, M. Delphin Sagot, tout en réclamant des essais au Gerber dans tous les concours, l'avait bien déclaré : « Ces essais ne doivent pas porter sur une traite — c'est une source d'erreur — mais sur le lait total d'un jour au moins. » Après le concours de Forges, il faut encore se montrer plus difficile ; les aptitudes laitières d'une vache, est-on en droit de dire, ne sont décelées de façon précise à l'aide du Gerber qu'autant que le contrôle de son lait a été effectué pendant deux ou trois jours, et en opérant séparément sur la production de chacune des trois traites de la journée, quand, en un mot, on possède toute une série de dosages.

L'examen des tableaux affichés à Forges et qui donnent les chiffres du Gerber pour chacune des trente vaches concurrentes et leurs neuf traites, le prouve surabondamment. A s'en tenir aux moyennes générales des journées, on ne constate pas de différences sensibles : 40 grammes 89 de matière grasse par litre, le premier jour ; 39 gr. 49, le second ; 42 gr. 99, le dernier. En passant aux moyennes de chaque traite, les écarts deviennent instructifs. Le lait du matin se montre de beaucoup le moins riche et celui du midi le mieux pourvu en matière grasse. Aux trois traites du matin, le Gerber accuse en effet les moyennes de 30, 30.96 et 33 ; à celles du soir, 43.12, 42.66 et 42.06 ; à midi enfin, 49.56, 46.86 et 51.86. Il en résulte qu'avec une production de lait bien inférieure — 530 kilos pour les trente vaches aux trois traites du midi contre 836 kilos aux traites du matin — la production de matière grasse est cependant plus élevée à midi qu'au matin, 25 kilos 600 au total contre 24 kilos 899.

Mais que dire des chiffres individuels ! A considérer seulement les résultats de trois ou quatre traites, on relève des variations extraordinaires, allant du simple au double, non seulement d'une traite à une autre de la même journée, mais aussi entre deux traites de la même heure à un jour d'intervalle. Le lait de telle bête renferme 29 grammes de matière grasse par litre à la traite du vendredi matin et 16 grammes à celle du samedi matin ; le lait de telle autre accuse 80 grammes de matière grasse à la traite du midi, le vendredi, et n'en livre plus que 40 grammes le lendemain à pareille heure.

Toutes ces variations s'expliquent à mesure que la série des analyses s'allonge. Alors, les véritables aptitudes de chaque vache se décèlent, les quelques extrêmes relevés s'effacent dans l'ensemble. On se rend compte de la grosse influence du tempérament de la vache et de la répercussion des conditions extérieures sur son système nerveux, et par suite sur sa production laitière. Les différences sont toujours moins accusées pour les bêtes calmes que pour les autres.

D'ailleurs, et cela a été démontré à maintes reprises, la matière grasse est l'élément dont la proportion dans le lait varie le plus. Dans son excellent petit livre sur le lait, M. Langlois, chef de laboratoire de physiologie à la Faculté de médecine de Paris, cite des extrêmes des plus intéressants ; l'écart va de 1 à 10, le minimum de matière grasse dans le lait pur s'abaisse à 0,69 0/0, le maximum atteint 7,6 0/0. Au concours de Forges, le plus grand écart a été de 1 à 4,5 : une vache a donné à la traite du samedi matin un lait dosant seulement 16 grammes de matière grasse par litre, tandis que, le vendredi à midi, son lait accusait 73 grammes de matière grasse.

Ainsi, les conditions extérieures réagissent sur la bête laitière, et plus encore, semble-il, en ce qui concerne la richesse du lait en matière grasse que la production quantitative du lait. Si, pour une cause ou une autre, une vache « retient » son lait, il en résulte une diminution sensible du taux de matière grasse, et cela se conçoit aisément, puisque ce sont toujours les dernières parties de la traite qui sont les plus butyreuses et c'est la raison principale qui milite en faveur de la traite à fond.

Toutes ces constatations ne sont possibles qu'en procédant au contrôle individuel du lait au Gerber. En mélangeant les trois traites quotidiennes d'une vache, mélange qui effectué par quantités égales de lait donne forcément une idée imparfaite de la richesse moyenne de ce lait, puisque les quantités livrées par chaque traite sont très inégales, ou mieux encore en opérant sur le lait mélangé d'un troupeau entier, ce qui se pratique journellement dans les beurreries, ces écarts disparaissent et on se trouve en présence de différences aussi peu sensibles que celles relevées à Forges, entre les moyennes générales des trente vaches.

En somme, si les indications du Gerber n'ont pas de valeur réelle lorsqu'on se borne à examiner seulement le produit de deux ou trois traites, par contre cet appareil reste parfait et donne des renseignements précieux quand le contrôle du lait est poursuivi pendant plusieurs jours.

A côté des démonstrations de cet ordre découlant du développement même des opérations ordinaires du concours, du contrôle scientifique du lait et de la fabrication de beurre, la Société centrale d'agriculture de la Seine-Inférieure s'est appliquée à faire œuvre de vulgarisation et à montrer aux visiteurs de Forges, notamment aux agriculteurs du pays de Bray, toutes les améliorations indispensables dans la conduite de la laiterie. Elle a eu l'heureuse chance de trouver un collaborateur précieux, en la personne d'un professeur belge de grand mérite, Mlle Van den Bergh, que le ministre de l'agriculture de Belgique avait mis pendant six mois à la disposition du département du Nord pour diriger la première école ambulante de laiterie ouverte en décembre dernier dans ce département.

En deux jours, le samedi et le dimanche, à neuf heures du matin et à trois heures de l'après-midi, devant un auditoire attentif et de plus en plus nombreux, Mlle Van den Bergh a développé les parties fondamentales du programme d'une école ambulante de laiterie. Au cours de ces quatre leçons, accompagnées de démonstrations et d'essais, elle a successivement décrit : les principaux appareils de contrôle pratique et rapide du lait, lacto-densimètre, acidimètre, crémomètre, lacto-butyromètre de Marchand, contrôleur de Gerber ; les avantages de l'écrémage mécanique sur les anciens procédés ; les soins à donner à la crème depuis sa séparation du lait jusqu'au barattage, question par trop négligée dans nos campagnes normandes ; puis la recherche de l'acidité de la crème, les conditions du barattage et les moyens de prévenir ses accidents ; enfin, le malaxage et les moyens de conserver les beurres, comme aussi ceux de les rajeunir.

D'autres conférenciers ont bien voulu apporter une très utile contribution à l'œuvre de la Société centrale d'agriculture. M. Houzeau, le savant directeur de la station agronomique de Rouen, a fait une causerie fort appréciée sur les dernières méthodes d'analyse du lait et de ses dérivés, après une étude rétrospective sur les anciens procédés de contrôle. De son côté, le distingué secrétaire de la Société centrale, M. Le Morvan, vétérinaire à Rouen, a donné de précieux conseils sur l'hygiène de la traite ; il a signalé les négligences trop courantes dans les fermes et insisté sur toutes les précautions à prendre en vue d'obtenir la propreté absolue de la mamelle, des vases à lait et aussi des trayeurs. Enfin, pour clore la série de ces intéressantes leçons, M. le sénateur Fortier, président honoraire du Syndicat agricole de la Seine-Inférieure, a fait une brillante conférence sur les coopératives laitières et leurs avantages. Aux cultivateurs accourus en foule pour écouter sa parole si autorisée, il a rappelé les succès extraordinaires des beurreries du Poitou et des Charentes et exprimé le désir de voir les cultivateurs brayons unir leurs efforts pour redonner au beurre de Gournay son ancienne réputation.

C'était à M. Lormier, le très sympathique président de la Société centrale d'agriculture de la Seine-Inférieure, qu'il appartenait de tirer les conclusions, de dégager les enseignements de cette grande leçon de choses que fut le premier concours beurrier organisé en France. Il l'a fait à la distribution solennelle des prix, de la façon magistrale qu'on pouvait attendre de lui. Dans une vibrante improvisation, avec cette éloquence entraînante qu'admirent tous ceux qui ont le plaisir de l'entendre, il a défini en termes excellents le but à viser, montré la voie nouvelle à suivre et fait entrevoir les bénéfices à escompter. Les applaudissements unanimes de l'assistance ont ratifié ces espérances, en même temps qu'ils prouvaient à M. Lormier combien les agriculteurs du département lui sont reconnaissants de la direction nouvelle, hardiment réformatrice, qu'il a donnée à la grande société qu'il préside avec tant d'autorité et de succès.

Démonstrations et Conférences

Leçons pratiques

sur la composition du lait et la fabrication du beurre

Par Mlle J. VAN DEN BERGH,

Professeur de l'État belge.

RÉSUMÉS. — 1re LEÇON (samedi 2 juin matin).

L'ÉCRÉMAGE

Trois modes :

I. — *Ecrémage spontané à température ordinaire :* Consiste à déposer le lait dans des terrines placées dans un lieu bien frais. La crème est enlevée et le petit lait soutiré lorsque celui-ci est encore doux, si l'on veut obtenir un beurre fin et doux. Au contraire, pour obtenir la plus grande quantité sans avoir égard à la qualité, l'écrémage se fait après 36 heures.

Inconvénients : 1° On ne retire qu'environ 73 0/0 de la matière grasse ; 2° la crème et le lait écrémé sont généralement aigris, en été surtout, et ne sont pas débarrassés des impuretés que le tamisage ne peut enlever ; 3° le beurre est de qualité inférieure et se conserve mal.

II. — *Ecrémage spontané à basse température :* Consiste à déposer le lait dans des récipients placés dans de l'eau aussi froide que possible. Plus ce refroidissement est énergique, plus l'ascension des globules butyreux est facilitée et plus la quantité de beurre est considérable.

N° 11. *Princesse,*

A M. J.-B. DUBUC
à Thil-Riberpré.

4 ans.
545 kil.

Production { 1.035 grammes de beurre.
par jour. { 25 kil. 260 de lait.

1er Prix de la 1re Catégorie.

N° 7. *Nez-Blanc,*

A M. PHILIPPART FILS
à Haussez.

3 ans 8 mois.
581 kil.

Production { 988 grammes de beurre.
par jour. { 27 kil. 560 de lait.

2e Prix de la 1re Catégorie.

N° 2. *Nota,*

A MM. LAVOINNE
à Boudeville.

2 ans 11 mois.
540 kil.

Production { 940 grammes de beurre.
par jour. { 19 kil. 080 de lait.

3e Prix de la 1re Catégorie.

Avantages : 1° On retire 85 à 88 0/0 de de la matière grasse ; 2° le lait maigre se conserve doux et peut servir à l'alimentation de l'homme, des animaux et à la fabrication des fromages.

Inconvénients : 1° La crème est fluide et molle et doit être recueillie avec infiniment de précautions ; 2° les impuretés restent dans la crème ou le lait maigre ; 3° ce procédé exige, à cause du renouvellement de l'eau, beaucoup de travail.

III. — *Ecrémage par la force centrifuge* (le meilleur système) :

Avantages : 1° Au point de vue de la main-d'œuvre, il facilite le travail et supprime du personnel ;

2° Au point de vue de la quantité et qualité du beurre : Les écrémeuses bien construites permettent d'extraire presque toute la matière grasse du lait (99 0/0). La crème est complètement débarrassée de toutes les impuretés ; le beurre est uniforme, de meilleure qualité, se conserve plus longtemps, se vend plus cher ;

3° Au point de vue de la qualité du lait écrémé : Le lait écrémé est doux et peut servir pour l'alimentation de l'homme, des animaux et pour la fabrication des fromages.

Principaux systèmes d'écrémeuses à suspension et à pivot.

Conditions que doit réunir une écrémeuse centrifuge à bras : Pouvoir régler facilement la quantité de crème ; être simple de construction, de montage et de nettoyage ; réclamer peu de place et de personnel ; exiger le moins de force possible pour le plus grand travail produit ; écrémer le lait aussi parfaitement que possible ; être d'un prix relativement abordable.

Montage, conduite et nettoyage de l'écrémeuse : S'assurer que tout est en place convenable. Voir si la machine est dans un plan parfaitement horizontal ; donner tout doucement le mouvement ; tourner ensuite avec la vitesse voulue, sinon le lait s'écrème imparfaitement ; ouvrir aussitôt le robinet d'alimentation, donner un écoulement régulier. Lorsque le lait est épuisé, continuer à alimenter pendant quelques minutes avec du lait écrémé ; cesser toute alimentation lorsqu'il ne sort plus de crème. Laisser s'arrêter le bol seul. Nettoyer la turbine à fond et l'essuyer très bien. Les tubes, le robinet, l'alimentation doivent être l'objet de soins minutieux après chaque opération.

2ᵐᵉ Leçon (samedi 2 juin après-midi).

LA COMPOSITION ET LE CONTROLE DU LAIT

Composition du lait. — 1 litre de lait contient, en moyenne : 875 grammes d'eau ; 35 grammes de beurre ; 35 gr. 5 de caséine ; 0 gr. 5 d'albumine ; 50 grammes de sucre ; 7 gr. 5 de sels minéraux.

Ces principes se trouvent toujours dans le lait, mais les proportions dans lesquelles ils y figurent sont variables.

4

CAUSES QUI FONT VARIER CETTE COMPOSITION ET LA SÉCRÉTION DU LAIT.

a) *Le climat* agit sur la sécrétion. Les meilleures laitières se rencontrent sous les climats humides, à température modérée, uniforme.

b) *La race* agit sur la quantité et la qualité. La meilleure race pour la production du lait est la race Hollandaise, qui donne 3.500 à 4.000 litres par an ; pour la qualité, c'est la race de Jersey, dont 12 à 15 litres de lait fournissent 1 kilogramme de beurre.

c) *Les aptitudes individuelles.*

d) *L'âge.* — Une vache atteint son maximum de production après le troisième vêlage et le maintient jusqu'à l'âge de 9 ans.

e) *La date du vêlage.* — Une vache fraîche vêlée donne plus de lait qu'une vache qui se trouve plus près du part suivant, mais cette dernière donne un lait plus riche.

f) *La traite.* — Avec trois traites par jour, on obtient un plus grand rendement et un lait plus riche. La traite du matin l'emporte pour la quantité ; celle du midi pour la qualité.

g) *L'alimentation.* — Le meilleur régime d'été pour la vache laitière est une bonne prairie naturelle avec possibilité de s'abreuver à volonté.

PRINCIPALES ALTÉRATIONS NATURELLES DU LAIT.

a) *Fermentation lactique* produite par les ferments lactiques, qui transforment le sucre de lait en acide lactique et déterminent ainsi la coagulation de la caséine.

b) *Lait sanguinolent* provenant de lésions du pis, d'une traite rude. Si le beurre est rougeâtre, c'est que la vache a mangé certaines plantes, telles que : la renoncule, les jeunes pousses d'ormes, de peupliers, etc.

c) *Lait amer* dû à un dérangement de la vache, maladie du foie ou autre. Les vaches ayant vêlé depuis longtemps peuvent également donner un lait amer.

d) *Lait rance* attribué à la nourriture (certains tourteaux donnés en trop grande quantité).

PRINCIPAUX APPAREILS SERVANT A DÉTERMINER LA VALEUR DU LAIT.

Thermomètre, indispensable en laiterie pour prendre la température lors de l'écrémage, barattage, pasteurisation, etc.

Lacto-densimètre, indique le poids du lait.

Acidimètre, indique le degré d'acidité du lait. Il est d'une grande utilité dans la fabrication du beurre et du fromage.

Crémomètre, sert à mesurer la quantité de crème contenue dans le lait et permet : 1° d'étudier les variations journalières du lait d'un animal ; l'influence de certaines rations ; 2° de rendre compte de la valeur du procédé d'écrémage ; 3° d'éprouver le lait de plusieurs vaches de l'étable.

Butyromètre de Marchand, sert à doser la matière grasse contenue dans le lait. Ne donne pas de résultats très exacts, quoique suffisant pour les cultivateurs qui veulent se rendre compte de la valeur de chacune de leurs vaches. Il est peu coûteux.

Contrôleur Gerber, permet de doser la matière grasse contenue dans un litre de lait ; est surtout employé dans les laiteries coopératives et dans les grandes exploitations ; donne des résultats exacts, mais est assez coûteux.

3me Leçon (dimanche 3 juin matin).

LA FERMENTATION DE LA CRÈME ET LE BARATTAGE

Soins à donner à la crème depuis sa séparation du lait jusqu'au moment du barattage. — Pour arriver à donner au beurre un bon parfum, il faut baratter la crème légèrement aigrie. La température la plus favorable pour l'acidification de la crème varie entre 12° et 18° ; la plus basse en été, et la plus élevée en hiver. Il faut, en général, s'arranger pour que la fermentation se fasse à une basse température, car plus elle est basse, plus le beurre est ferme. Il ne faut pas cependant qu'elle soit trop basse, parce qu'alors on entrave la fermentation.

On laisse ordinairement aigrir la crème pendant 24 à 36 heures. Une maturation de trop longue durée produit un beurre fort et moins fin. Dans les petites exploitations où l'on ne peut baratter souvent, on mélange les crèmes de 3 ou 4 jours dans un seul récipient, à mesure que l'on écrème ; c'est une pratique tout à fait défectueuse, qu'il faut abandonner à tout prix. Les crèmes de chaque jour seront versées dans des crémières spéciales, imparfaitement fermées, afin de permettre l'accès de l'air, mais d'éviter les poussières ; après trois jours, on procédera au barattage de la crème des deux premiers jours, que l'on mélangera seulement au moment du barattage. On aura soin de remuer souvent la crème avec une spatule bien propre, afin que l'acidification soit bien uniforme.

Une crème bien fermentée est unie, sans caillots, d'une saveur acide fraîche et agréable. Elle prend une coloration plus jaune, s'épaissit et dégage une odeur spéciale très aromatique.

La crème des centrifuges doit être refroidie aussitôt après sa séparation, en déposant les crémières dans de l'eau froide ou en la faisant passer sur un appareil appelé *réfrigérant*. On la porte ensuite dans le local où elle doit s'acidifier. Au bout de 24 à 36 heures, elle doit être acidifiée à point, c'est-à-dire avoir un degré d'acidité de 60 à 65° au Dornic. On s'en assure à l'aide de l'acidimètre, ou au goût avec un peu d'habitude.

La lumière ne sera pas trop vive dans le local à crème, car elle la décomposerait et le beurre aurait moins de qualité. La crème aigrie à point doit être barattée.

Espèces de barattes : Baratte Simon, Victoria, Bradford, à piston, Danoise, etc.

Les conditions suivantes doivent être réunies dans une bonne baratte de ferme :

a) La bonne construction de l'appareil, sa solidité, sa simplicité de mécanisme et enfin son prix ;

b) La facilité avec laquelle on peut laver le beurre dans la baratte ; l'en extraire, retirer le lait battu et procéder au nettoyage ;

c) La facilité avec laquelle on peut suivre le barattage, contrôler la température et laisser échapper les gaz ;

d) La faculté de pouvoir baratter de petites quantités de crème, relativement à la contenance de la baratte ;

e) La faculté d'extraire la plus grande quantité de beurre possible, sans nuire en rien à la qualité.

INSTRUCTIONS SUR LE BARATTAGE.

Température. — La température que l'expérience reconnaît favorablement est de 15° à 16°. En général, il faut baratter aussi bas que possible, mais de façon à ce que le barattage ne dure pas plus de 30 à 45 minutes.

Vitesse. — Dépend du système employé.

La baratte peut être remplie au tiers, si elle est rotative ; aux deux tiers, si elle est à tonneau fixe.

Barattage. — La crème introduite dans la baratte, on assujettit le couvercle et l'on met l'appareil en mouvement. On fait quelques tours bien lentement et on laisse dégager les gaz contenus dans la baratte ; on tourne régulièrement et sans interruption jusqu'à ce que le beurre soit formé. On peut alors y ajouter une petite quantité d'eau froide en été ; de l'eau ayant la température de la crème, en hiver. Lorsque la formation du beurre est complète, le couvercle est enlevé et les grains de beurre collés aux parois sont réunis à la masse par une projection légère d'eau froide.

Accidents du barattage. — Le beurre ne se fait parfois pas bien, tarde trop à se former ou ne se forme pas. Cela peut provenir :

1° De l'emploi de lait de vaches trop vieilles, malades ou mal nourries ;

2° De crèmes malpropres, ou trop aigres ou mauvaises ;

3° D'une baratte trop pleine ;

4° D'une température trop basse ou trop élevée ;

5° Parfois d'une trop petite quantité de crème.

Nettoyage de la baratte. — Après chaque opération, la baratte doit être rincée à l'eau froide ; on rince ensuite à l'eau bouillante additionnée de sel de soude et on rince encore une fois à l'eau chaude. On essuie et on laisse sécher la baratte dans un fort courant d'air.

Avant l'introduction de la crème, on passe, l'été, de l'eau froide, et l'hiver, de l'eau chaude dans la baratte.

4me Leçon (dimanche 3 juin après-midi).

LE MALAXAGE, LA CONSERVATION ET LE RAJEUNISSEMENT DU BEURRE

Délaitage. — Le beurre formé, il faut le délaiter. Cela peut se faire de deux façons : à sec et à l'eau. On procède à sec pour le beurre de table qui doit être employé frais et aussi lorsqu'on ne dispose pas de bonne eau pour le délaitage.

Le malaxage remplace le pétrissage. Il enlève au beurre la trop grande quantité d'eau ou de lait battu ; il le rend uniforme dans toute sa masse. Le malaxage mécanique est bien supérieur au pétrissage à la main ; on opère proprement, vite et sans habileté spéciale du manipulateur. Lorsque le beurre est assez ferme, le malaxage se fait immédiatement après le délaitage ; sinon, on laisse reposer le beurre pendant quelques heures, dans un endroit frais pour qu'il se raffermisse. Il ne faut jamais travailler le beurre lorsqu'il est mou.

Il y a des malaxeurs à main, à pied et à moteur ; plats, à tables convexes ou concaves, rotatifs ou semi-rotatifs.

Afin de ne pas détruire le grain du beurre, il est important de ne pas prolonger le malaxage sans nécessité ; en général, 10 à 15 passages sous le rouleau suffisent.

Pour juger si le malaxage est suffisant, on coupe avec un couteau de bois une mince tranche du beurre ; si, sous la pression de la lame, il sort des gouttelettes, le malaxage n'est pas encore complet ; le beurre parfaitement malaxé ne peut pas en donner.

Un malaxage incomplet peut faire perdre le meilleur beurre, en y laissant trop d'eau et de caséine. Un malaxage trop prolongé fatigue le beurre, altère son arôme et lui donne un aspect graisseux.

Le malaxage doit se faire lentement. C'est au moment du malaxage que s'ajoute le sel, si cette addition est réclamée.

Qualités d'un bon beurre. — Elles résident dans sa fermeté, son arôme, sa saveur, la propreté et les soins apportés à sa fabrication.

Un bon beurre n'est ni mou, ni cassant ; il possède une odeur légèrement aromatique, une saveur analogue à celle de la noisette fraîche ; il est exempt d'impuretés, ainsi que de lait battu et d'eau. Si l'on a fait usage de colorant, celui-ci doit être réparti uniformément dans toute la masse.

Conservation du beurre. — Pour le beurre de provision, on emploie des pots de grès. Avant d'introduire le beurre dans le pot, on frotte celui-ci énergiquement de sel fin sur toute la surface intérieure. Si le pot a servi antérieurement à d'autres usages, il faut le passer au four après la cuisson du pain. Le beurre de conserve est généralement salé à 6 0/0. On le tasse fortement dans le pot avec un pilon en bois, en ayant soin d'éviter tout espace entre les différentes couches de beurre ; sinon, l'air enfermé dans les interstices pourrait déterminer le rancissement du beurre. Dès que le vase est rempli, on met à sa partie supérieure une couche de sel ou une saumure.

Fusion. — On peut aussi conserver le beurre par la fusion, mais ce procédé est beaucoup moins employé que le précédent. On pourrait l'adopter pour des beurres inférieurs qui commencent à rancir. Le beurre fondu ne convient guère que pour les usages de cuisine.

Rajeunissement du beurre. — Un beurre devenu rance peut encore être amélioré sensiblement par un des procédés suivants : on coupe en morceaux le beurre altéré ; on l'introduit dans une baratte avec du lait de beurre d'un bon barattage précédent ; on le travaille dans la baratte pendant un certain temps, puis on le traite comme du beurre frais.

On peut aussi fondre le beurre rance dans l'eau. On laisse refroidir le mélange et on enlève le beurre, dont le goût rance est en grande partie absorbé par l'eau.

Leçon-Démonstration

Par M. HOUZEAU,

Membre de l'Institut,

Directeur de la Station agronomique de la Seine-Inférieure.

Le vendredi 1er juin, à trois heures de l'après-midi, M. Houzeau a fait aux élèves de l'école communale de garçons de Forges, une causerie sur la composition chimique du lait et sur le rôle que jouent, dans l'alimentation, ses divers principes constituants : Matière grasse, lactose ou sucre de lait, caséine et sels minéraux. En outre, M. Houzeau a présenté au public agricole, pendant les heures où le travail était moins actif, une exposition rétrospective des instruments et appareils employés, depuis le milieu du xixe siècle jusqu'à nos jours, pour l'analyse du lait et particulièrement pour le dosage de la matière grasse dans cet aliment.

Dans cette collection figuraient notamment :

1o Le mode opératoire employé par M. Boussingault et qui consiste à dessécher dans une capsule, à la température de 95 à 100 degrés, un certain volume de lait. L'extrait sec ainsi obtenu, très adhérent aux parois du récipient, est ensuite détaché, avec soin (assez péniblement il est vrai), de façon à éviter les projections de matière, et épuisé à l'aide de l'éther, qui dissout la matière grasse, dans un tube en verre effilé, auquel plus tard certains chimistes ont substitué des appareils spéciaux plus compliqués dits *à épuisement* (de Soxhlet, de Thorn. etc.), qui présentent sur le tube effilé l'avantage d'exiger une quantité d'éther beaucoup moindre ;

2o Le mode opératoire de M. Houzeau qui est un perfectionnement du précédent. Au lieu d'évaporer le lait dans une capsule et d'en détacher difficilement ensuite l'extrait, ce qui est très délicat, M. Houzeau pratique la dessication dans une boîte en papier d'étain qu'on fabrique soi-même, au moment de l'essai et qu'on y introduit ensuite avec l'extrait, soit dans un tube effilé, soit dans un appareil à épuisement, où l'on fait agir l'action dissolvante de l'éther sur la matière grasse. Ce procédé qui simplifie beaucoup les opérations, réduit en même temps la durée du dosage, la dessication du lait n'exigeant dans ce cas que une heure et demie au lieu de dix heures environ que demande la méthode de M. Boussingault;

3° Le mode opératoire de M. Girard qui consiste à traiter sur un filtre, à la température ordinaire, un volume déterminé de lait, par l'acide acétique étendu d'eau. Le *caillé* qui se forme alors et qui retient toute la matière grasse, est égoutté, séché à l'air libre et ensuite épuisé par l'éther comme dans les méthodes précédentes.

Ces méthodes ont l'inconvénient d'être assez délicates à employer et surtout fort longues.

On a songé à les remplacer par des procédés d'un emploi plus simple et fournissant les résultats beaucoup plus rapidement.

Parmi les appareils les plus employés pour atteindre ce but, il convient de citer :

Le *Lactobutyromètre* de M. Marchand, formé d'un tube fermé à l'une de ses extrémités et dans lequel on fait réagir sur le lait un mélange éthéroalcoolique, de façon à en séparer la matière grasse, qu'on mesure à l'aide de la graduation que porte l'instrument.

Le *Galactotimètre* de M. Adam, qui permet d'effectuer, soit le dosage volumétrique du beurre dans le lait, soit le dosage par pesée, d'une plus grande précision.

L'*Acidobutyromètre* de Germer, dont le principe repose sur la dissolution, dans l'acide sulfurique, des éléments du lait, sauf la matière grasse, que l'on sépare en présence d'une petite quantité d'alcool amylique, à l'aide d'un centrifugeur, de façon à le réunir dans le tube gradué du butyromètre, où il est facile alors de l'évacuer.

Cet appareil, qui permet de doser non seulement le beurre dans le lait, mais aussi dans le fromage et dans le petit-lait, ainsi que la matière grasse réelle contenue dans le beurre commercial, est, en outre, celui dont les résultats se rapprochent le plus de la vérité.

C'est d'ailleurs, pour les méthodes rapides, celle qui, de nos jours, tend le plus à se généraliser.

Leçon de traite

Par M. J. LE MORVAN,

Secrétaire de la Société.

MESDAMES, MESSIEURS,

Vous savez tous l'importance de la traite au point de vue du rendement en lait et de la bonne santé de la vache. Je désire vous entretenir de son importance au point de vue de la conservation du lait et de la qualité des produits qui en dérivent, beurre et fromage.

La traite comporte, au point de vue de l'hygiène, trois prescriptions principales, auxquelles j'en ajouterai d'autres ayant également leur importance :

1° Propreté de la mamelle ;
2° Propreté des mains qui pratiquent la traite ;
3° Propreté des vases qui reçoivent le lait.

Reprenons chacune des ces prescriptions :

1° Propreté des mamelles. — On n'a pas besoin d'insister pour comprendre que lorsqu'une mamelle ou des trayons sont malpropres, couverts de bouse ou de croûtes, ces impuretés tombent nécessairement dans le lait et le souillent.

Les vachers suisses qui ont la réputation de savoir bien soigner les vaches, ont une excellente façon de faire la traite. Ils lavent complètement la mamelle et les trayons et lubréfient les trayons avec de la vaseline en ayant soin de conserver les mains très propres ;

2° Propreté des mains. — Il est indispensable, pour, que le lait se conserve, que les mains du trayeur soient très propres. Si on ne prend pas la précaution de se laver les mains avant de traire, on apporte dans le lait les germes les plus divers et les plus contraires à la conservation du lait. Si on a touché à un malade, on apporte dans le lait les germes de sa maladie ;

3° Propreté des vases. — Il est indispensable que les vases et les bidons qui reçoivent le lait, soient non seulement bien lavés et bien récurés, mais aussi qu'ils soient passés pendant quelques minutes à l'eau bouillante. C'est le meilleur ou plutôt l'unique moyen de détruire les germes qui pourraient être nuisibles à la bonne conservation du lait.

Négliger cette précaution, c'est se créer bien des déboires. Je suis convaincu que la grande mortalité des veaux, dans certaines fermes, vient de ce que cette simple précaution de passer les seaux tous les jours à l'eau bouillante est absolument négligée.

Le lait, recueilli avec les précautions que je viens de vous dire, doit être, immédiatement après la traite, retiré de l'étable où il risque d'être souillé par les bouses, par les poussières ou les parcelles d'aliments en suspension dans l'atmosphère et où il se trouve en outre à une température relativement élevée qui retarde son refroidissement. Or, plus vite il se refroidit et moins les germes qu'il peut contenir ont de tendance à se développer.

Aussitôt après la traite, le lait doit être filtré, car malgré toutes les précautions prises, il peut arriver qu'il contienne des poils, des parcelles de bouse desséchée ou des poussières, et, en le filtrant, on le débarrasse de toutes ces impuretés.

Enfin, il faut le refroidir, car il est reconnu que si le lait est amené rapidement après la traite à une température de 12 à 15 degrés, les microbes ainsi que les germes de toute espèce qu'il peut contenir ne se développent pas ou ne se développent que tardivement,

A cet effet, après l'avoir filtré, on le recouvre d'une mousseline légère qui le préserve des poussières et on le place dans un endroit frais et bien aéré, il se trouve ainsi dans les meilleures conditions pour tous les usages auxquels on peut le destiner.

La traite en dehors de l'étable se fait généralement dans de meilleures conditions de propreté. Néanmoins, lorsque par nécessité, elle est faite dans l'étable, il faut éviter qu'avant la traite, on pratique aucune opération susceptible de mettre en mouvement des poussières, notamment la distribution des fourrages dont les parcelles peuvent venir souiller le lait.

En suivant ces prescriptions qui ont chacune son importance, on arrive à recueillir le lait tel qu'il se trouve dans la mamelle, c'est-à-dire aseptique, contenant peu ou point de microbes. Tandis qu'un lait recueilli sans soins de propreté s'altère très rapidement et tourne au bout de douze ou vingt-quatre heures, surtout pendant les chaleurs, le lait recueilli avec les simples précautions que je viens de vous énoncer peut être conservé sans aucune préparation pendant quatre ou cinq jours et transporté au loin, même par les fortes chaleurs de l'été.

A la longue, ce lait qui ne se décompose pas et ne s'altère nullement, subit un déplacement de ses principes. On le voit former des couches successives qui se superposent dans un ordre inverse de leur densité, mais il suffit de les mélanger pour que le lait reprenne son apparence et sa constitution primitives.

La Société centrale d'Agriculture de la Seine-Inférieure attache à la traite une grande importance, et à l'occasion du Concours beurrier de Forges-les-Eaux, elle a été heureuse d'instituer un concours de traite entre les personnes appelées à traire les vaches exposées. Elle est convaincue que la bonne récolte et la bonne conservation du lait constituent la base fondamentale des produits de choix.

Je me résume en vous répétant : pour avoir de bon beurre, il est indispensable d'avoir du lait provenant de vaches saines, bien récolté et bien conservé.

Conférence sur les Laiteries coopératives

Par M. FORTIER,

Sénateur de la Seine-Inférieure,
Président honoraire du Syndicat agricole de la Seine-Inférieure.

MESDAMES, MESSIEURS,

La tenue de ce concours, le premier de ce genre qui ait été institué en France, m'a paru être une circonstance opportune et favorable pour vous entretenir d'une question qui est toute d'actualité et qui s'impose à votre plus sérieuse attention, car elle se rapporte et touche à l'industrie beurrière de votre belle contrée et à son avenir.

Vous comprendrez, tout de suite, qu'il ne saurait entrer un seul instant dans ma pensée d'essayer de traiter ici de la fabrication du beurre devant des personnes à la bienveillance desquelles j'aurais plutôt à faire appel et à réclamer des avis et des conseils ; je n'ai qu'un seul but, c'est de leur signaler ce qui se passe ailleurs et de les avertir du danger très réel qui les menace et qui va résulter pour elles, pour le bon renom ancien de leur production, de la création de sociétés coopératives beurrières qui se multiplient chaque année sur différents points du territoire français, de même qu'à l'étranger.

Il est à redouter que, si les producteurs de cet arrondissement persistaient dans leur isolement, nous voyions diminuer une des sources les plus riches des revenus de notre belle Normandie. Cependant, rien n'est plus facile que de vous défendre, en imitant vos concurrents et en fondant chez vous des établissements comme ceux, si nombreux et très prospères, qui existent dans des départements où il y a vingt ans à peine, la production du beurre était pour ainsi dire inconnue.

Les viticulteurs avaient vu leur vignoble envahi, ravagé, détruit par le phylloxéra ; trop pauvres pour songer à le reconstituer, en replantant des cépages américains qui résistent aux attaques du terrible insecte, les cultivateurs des Charentes se sont décidés à substituer les herbages à la vigne.

Cela n'a pas été sans leur donner beaucoup de mal ; il leur a fallu s'organiser ensuite pour peupler ces herbages de bestiaux qu'on a dû faire venir de loin, car, dans le pays, on n'en élevait guère ; puis quel parti tirer du troupeau ? On créa d'abord des laiteries industrielles, mais on s'aperçut bien vite que les bénéfices qu'elles réalisaient, l'étaient au détriment des producteurs qui n'arrivaient à retirer de leur lait qu'un prix insignifiant.

Des hommes d'initiative et de grand dévouement, au premier rang desquels je citerai mon honorable et excellent collègue, M. Paul Rouvier, ont eu l'idée heureuse de fonder des laiteries coopératives qui devaient prendre tant de développement et d'importance. Le succès s'affirma dès le premier jour, les agriculteurs reprirent courage ; la réussite des premières tentatives provoqua de nouveaux groupements et, actuellement, dans la région des Charentes et du Poitou, on ne compte pas moins de 106 laiteries coopératives recevant le lait recueilli chez 65,000 cultivateurs ; leur production annuelle est énorme, puisqu'elle dépasse 8 millions de kilogrammes de beurre dont la plus grande quantité est dirigée sur les Halles-Centrales.

Pouvez-vous bien alors vous étonner de la baisse que, très souvent, vous constatez dans la vente de vos beurres ? Ceux des Charentes et du Poitou, absolument ignorés, il y a peu de temps encore, s'y sont fait une bonne, une excellente réputation que sont venues affirmer les plus hautes récompenses dans les Expositions universelles en France comme à l'étranger. A quoi doivent-ils donc leur supériorité et la préférence que le commerce et le consommateur leur accordent? Ce n'est pas à la race des bestiaux qui peuplent les herbages ; la vache parthenaise est considérée comme donnant peu de lait ; mais ce lait est, il est vrai, extrêmement riche en matière grasse. Ce n'est pas davantage aux herbages dont la nature et la composition sont loin d'égaler celles de nos prairies normandes, si plantureuses, et dans lesquelles vivent, dans l'abondance, des vaches, peut-être les meilleures du monde. Non ; la faveur des beurres des Charentes tient surtout, sinon exclusivement, aux soins apportés à leur fabrication, très régulière, constante, la même dans toutes les coopératives de cette région. Le nombre et l'importance de la production de ces laiteries permettent d'y introduire tous les progrès que la science recommande ; on y applique couramment tous les procédés scientifiques que Mlle Van den Bergh vous a si bien exposés, si clairement expliqués, au cours de cette exposition, l'une des plus intéressantes assurément et des plus instructives qui aient été organisées. C'est autant à un cours supérieur d'agriculture, de chimie appliquée, qu'à un concours laitier, qu'il nous a été donné d'assister et nous avons constaté avec le plus grand plaisir que, plus il avançait vers sa fin, plus il a été assidûment suivi et plus le public a semblé s'intéresser à ses différentes phases.

La Société centrale d'Agriculture de la Seine-Inférieure pourra emporter l'espoir que ses efforts, que le dévouement des membres de son Bureau, plus particulièrement de MM. Lormier et Laurent, ses président et vice-président, auront eu cet heureux résultat de convaincre les agriculteurs du Pays de Bray de la nécessité inéluctable pour eux de se grouper, de s'organiser, pour pouvoir enfin se défendre avec avantage contre une situation qui va s'aggravant et dans laquelle, s'ils n'y prennent garde, ils finiraient par être vaincus et ruinés, par suite de la concurrence redoutable que leur font ces nouveaux venus à l'industrie laitière.

Il leur suffira de faire preuve de volonté et d'énergie ; ils sont convaincus, comme nous, qu'ils sont dans une situation privilégiée au point de vue du sol, du climat, de la qualité du bétail ; leur infériorité ne réside que dans leur mode de fabrication, qu'il leur faut de toute nécessité modifier, améliorer ; est-ce donc si difficile ? Évidemment non ; ils n'ont qu'à vouloir et à s'inspirer de ce qui se pratique ailleurs avec tant de succès et à l'appliquer chez eux ; mais il y a urgence à se décider et à le faire.

Les démonstrations nombreuses qui ont été faites devant eux, depuis trois ou quatre jours, leur ont permis de reconnaître qu'il est bien difficile, sinon impossible, d'appliquer à la ferme tous les détails que comportent aujourd'hui les meilleurs procédés de fabrication du beurre ; l'achat de tous les instruments indispensables entraînerait à des dépenses que ne justifierait point la petite quantité de lait que chacun a journellement à traiter ; il n'est guère possible de se procurer la masse d'eau bien pure qu'exigent les besoins de la laiterie, le délaitage, le lavage du beurre. Comment et où trouver, si on ne la fabrique à l'usine, la glace nécessaire au refroidissement des locaux, des instruments, des produits et à leur transport ? Ce qu'on ne peut obtenir chez soi, à la ferme, est des plus faciles à réaliser dans une usine appelée à recevoir le lait de plusieurs exploitations ; plus les coopérateurs seront nombreux, plus réduits seront naturellement les frais généraux, plus soignée et plus économique sera la fabrication qui donnera alors un résultat régulier, .

invariable. Plus tard, les coopératives pourraient former entre elles une réunion qui permettrait, comme dans les Charentes, de réaliser le maximum des améliorations et des perfectionnements ; mais, avant de les envisager, il est bon, il est utile de commencer tout d'abord par l'organisation bien comprise d'une laiterie coopérative ordinaire.

Malheureusement, nous sommes dans un pays où l'homme a certainement de grandes qualités, mais où l'esprit d'association est bien peu développé ; lorsqu'on y fait appel, on est exposé à se heurter à une indifférence fâcheuse, quelquefois même à une résistance inexplicable, alors qu'il s'agit d'intérêts communs. Sur d'autres points du pays, au contraire, tout le monde comprend les avantages du groupement des efforts et des bonnes volontés ; on s'applique à le réaliser et on le réalise avec la plus grande facilité.

Pourtant, il ne faut pas désespérer ; deux coopératives de laiterie sont déjà en marche dans la Seine-Inférieure ; leur organisation est bonne, leur travail très satisfaisant ; la semaine dernière, j'étais heureux d'entendre un homme des plus compétents, l'honorable M. Dornic, inspecteur général des laiteries des Charentes, directeur de l'École pratique de laiterie de Surgères, autorisé par M. le Ministre de l'Agriculture à venir visiter les laiteries d'Auffay et de Bec-de-Mortagne, adresser à leurs administrateurs ses félicitations, ses éloges et ses encouragements.

Dans le Calvados, où l'on produit cependant des beurres qui jouissent, comme les vôtres, d'une grande renommée, on s'est ému de la concurrence difficile à soutenir que les beurres des Charentes et du Poitou faisaient au beurre d'Isigny et on s'est décidé à fonder des coopératives ; il y en a une qui fonctionne à Isigny même, depuis un an. A Bayeux, on a jeté les bases d'une laiterie coopérative, le choix du terrain est arrêté et une commission est allée, cette semaine, visiter une installation dans les Deux-Sèvres ; bientôt, on va commencer les travaux sur les plans que la commission rapportera.

Et vous, cultivateurs brayons, pourrez-vous rester plus longtemps indifférents, inactifs, en face de ce mouvement qui se généralise ; allez-vous vous laisser dépasser, distancer par ces producteurs d'Isigny, dans ces luttes courtoises dont vous êtes quelquefois sortis victorieux ? Mais alors, ce serait la disparition inévitable, complète, de la marque du beurre de Gournay qui va s'effaçant davantage de jour en jour. Déjà, vous vous abstenez de prendre part aux expositions et aux concours. Les beurres de Gournay n'ont point figuré aux Expositions universelles de Liège et de Milan ; vos concurrents y étaient et ont obtenu, les uns et les autres, les plus hautes récompenses. A Milan, la laiterie coopérative des fermiers d'Isigny était hors concours, son directeur faisant partie du Jury. Sur 9 grands prix d'honneur, les coopératives des Charentes et du Poitou en ont reçu 8 et le Calvados 1 ; sur 31 médailles d'or, le Calvados en a eu 4, la Seine-Inférieure 3, les Charentes et le Poitou 20 ; le beurre de Gournay n'était point représenté. Il y a bien eu un beurre des environs de Forges auquel a été attribué une médaille d'or, mais il a été récompensé sous le nom de son propriétaire, M. J.-B. Dubuc, de Thil-Riberpré, auquel, en passant, je suis heureux d'adresser de bien sincères félicitations ; le nom de Gournay n'est apparu nulle part. Nos deux laiteries coopératives de la Seine-Inférieure, Auffay et Bec-de-Mortagne, ont obtenu, elles aussi, chacune une médaille d'or.

Comment voulez-vous qu'on connaisse vos produits ou qu'on s'en rappelle, si vous ne les exposez pas au dehors, si vous les conservez chez vous ? Vous aviez jusque-là bénéficié de l'ancienne renommée de vos beurres, vous avez pensé que vous pourriez vivre toujours sur cette bonne réputation, vous devez reconnaître que vous vous êtes trompés. Par le chemin parcouru par vos concurrents ; par la place qu'ils ont conquise, vous pouvez juger du terrain que vous avez perdu, mais il est grand temps de vous reprendre ; vous avez toujours sur eux les éléments de succès qui avaient assuré de sérieux avantages à vos prédécesseurs ; votre infériorité actuelle, momentanée, j'aime à l'espérer, ne réside donc que dans le mode de fabrication. Modifiez, améliorez vos procédés, c'est facile, et alors, le beurre de Gournay reprendra sur le marché la place qu'il n'aurait jamais dû perdre.

Je consulte assez souvent la mercuriale des cours aux Halles de Paris, et il m'est arrivé de constater avec peine l'écart très sensible qui existe entre les beurres des Charentes-Poitou et ceux des laitiers Normands-Bretons et de Gournay. Cet hiver, je m'étais pris à espérer ; en effet les beurres des laitiers Normands se sont, un moment, vendus notablement plus chers que ceux des Charentes ; avec le printemps, ceux-ci ont repris l'avantage, ce qui, du reste, s'explique facilement.

Les beurres charentais ont une pâte plus sèche, plus consistante ; de plus, ils voyagent dans des wagons frigorifiques, installés et entretenus de glace aux frais des Coopératives ; ils arrivent ainsi sur le marché dans des conditions bien plus favorables que les nôtres, ils se tiennent mieux et ne subissent jamais d'altération en cours de route.

J'aperçois ici mon ami, M. Roinard, le dévoué Président de votre Comice, je l'adjure de réunir quelques-uns de ses Collègues et d'aller avec eux se rendre compte que je n'ai rien exagéré, en vous parlant des laiteries coopératives ; il peut être certain de rencontrer auprès des hommes qui dirigent ces établissements un accueil des plus courtois et des plus obligeants. Ils ont l'esprit large et généreux qui surprend et confond les visiteurs, surtout ceux venant d'une contrée où l'on est un peu trop réservé, personnel.

Lorsque j'ai eu le très grand plaisir d'y être reçu avec quelques cultivateurs de notre département, nous avons eu lieu d'être enchantés de la réception très cordiale qui nous a été faite. On s'est mis à notre entière disposition ; on nous a fourni tous les renseignements que nous avons demandés, tous les détails qu'il nous était utile de connaître ; on a poussé l'obligeance jusqu'à nous indiquer, livres en mains, les comptes de fabrication, les prix de revient, de vente, etc. Cela contraste un peu, vous en conviendrez, avec ce qui se serait passé chez nous, si des étrangers s'y étaient présentés ; c'est encore une leçon dont nous pouvons et devons faire notre profit.

Là-bas, on ne considère point les producteurs de beurre comme des concurrents, mais comme des confrères, des amis à qui on est heureux de prêter le concours de son expérience, d'aider de ses conseils, pour leur faciliter tous les moyens d'arriver, eux aussi, à une fabrication irréprochable. La seule concurrence que l'on redoute, c'est celle du producteur de mauvais beurre car, quoiqu'on fasse pour atteindre la perfection et faire obtenir le premier rang au beurre français sur tous les marchés nationaux ou étrangers, on comprend que ce sera peine perdue si, à côté, se trouvent quelques échantillons d'un produit défectueux. Ceux qui les achèteront ne manqueront pas de les signaler, de les montrer, de les faire déguster, afin de pouvoir, en dénigrant les nôtres, faire valoir leurs beurres auprès des acheteurs et en obtenir un prix plus avantageux : c'est là un raisonnement très juste et très sage. Il prouve à ceux qui sont en meilleure situation, pour la fabrication du beurre, qu'il y va de leur intérêt même à aider le petit cultivateur qui se débat contre tant de difficultés : il n'a que quelques vaches, il ne peut, par conséquent, baratter qu'une ou deux fois la semaine ; sa crème est conservée dans une laiterie à température peu favorable, irrégulière ; la maturation ou l'acidification de cette crème se trouve abandonnée au hasard, elle est laissée sans surveillance pendant plusieurs jours, exposée à subir toutes les fermentations possibles ; le barattage se fera dans des conditions plus ou moins défavorables ; pour le délaitage et le lavage du beurre, il n'a pas d'eau de source mais de l'eau de citerne ou de mare. Ce petit cultivateur ne fera certainement pas dans des conditions si défectueuses du beurre de bonne qualité ; celui qui l'achètera pensera que la contrée d'où il provient fabrique du beurre exécrable ; ce sera injuste de conclure d'un cas isolé à la généralité de la production ; mais il en sera ainsi, vous pouvez en être convaincus, surtout si cet acheteur est un concurrent ayant intérêt à agir de la sorte ; alors c'est le discrédit général pour tous les produits de la région.

Il est bien entendu qu'il n'y a pas lieu de fonder des coopératives aux environs des grandes villes, ou même de certains établissements où le lait se place à des conditions avantageuses, mais seulement là où le cultivateur ne peut en tirer qu'un prix trop peu rémunérateur, en faisant du beurre.

En terminant cet entretien, cette causerie, je forme un vœu bien sincère, j'exprime le très vif désir de voir les cultivateurs brayons se grouper, unir leurs efforts, pour étudier les moyens faciles à trouver, de redonner au beurre de Gournay sa bonne, ancienne et légitime réputation, pour l'honneur du Pays, et pour le plus grand profit de son agriculture.

Discours prononcé
à la Distribution des Prix

Par M. G. LORMIER

Président de la Société.

MESSIEURS,

En concevant l'idée et en procédant à l'organisâtion du Concours beurrier de Forges-lès-Eaux, la Société centrale d'Agriculture de la Seine-Inférieure a continué ses nobles traditions.

Toujours jeune, malgré ses cent quarante-six années d'existence, elle entend rester à la tête du progrès, et par ses exemples hardis, hâter la réalisation de tout ce qu'elle croit utile pour l'Agriculture de notre pays.

Depuis plusieurs années déjà des concours beurriers existent chez nos voisins les Anglais et l'on peut se demander pourquoi, chez nous, en France, nous n'avions pas nous-même conçu cette idée ; pourquoi, tout au moins, nous n'avions pas plus tôt imité nos voisins.

La réponse simple et vraie c'est que l'organisation de ces concours est difficile et coûteuse.

Nous le savions avant de l'entreprendre ; mais nous le savions, en partie seulement, et au fur et à mesure que se déroulaient les péripéties de ce concours qui a duré quatre jours consécutifs, nous avons rencontré une série de difficultés imprévues que nous avons eu, à la vérité, le bonheur de surmonter toutes, grâce à la bonne volonté et au dévouement de nos collaborateurs.

Cette bonne volonté, ce dévouement nous ont permis de mener à bien ce concours, dont je suis fier de proclamer aujourd'hui l'éclatant succès.

Et c'est pour moi l'occasion que je saisis avec empressement de remercier tous ceux qui ont contribué d'une façon quelconque à la réussite de notre audacieuse innovation, m'excusant d'avance si, bien involontairement, j'en oublie quelques-uns.

Et tout d'abord je suis heureux d'exprimer toute ma reconnaissance à M. le Ministre de l'Agriculture dont la généreuse subvention accordée au nom du gouvernement de la République nous a puissamment aidés.

Il ne pouvait d'ailleurs en être autrement de la part d'un gouvernement toujours disposé à seconder les initiatives fécondes et à encourager tous les progrès.

Je remercie également le Conseil général et M. le Préfet de la Seine-Inférieure, le sympathique Maire de Forges-les-Eaux : M. Cuel, et la Municipalité toute entière ; M. Gervais, sénateur, M. Bouctot, député, M. Roinard, président du Comice agricole de l'arrondissement de Neufchâtel, M. Malicorne, conseiller général du canton de Forges-les-Eaux, notre vénéré doyen ;

M. Thureau-Dangin, conseiller général du canton de Neufchâtel, qui par leurs généreuses donations ont contribué à récompenser dignement les lauréats de notre concours.

Dans un autre ordre d'idées, j'adresse, tout d'abord, mes remerciements les plus sincères au sympathique et savant vice-président de la Société, M. Laurent, professeur départemental d'Agriculture. Tous ceux qui ont assisté à ce concours savent quelle part active et utile il y a prise ; avec quelle méthode et quel soin il en a suivi et dirigé les opérations les plus délicates depuis le commencement jusqu'à la fin.

Ayant assisté lui-même aux concours beurriers organisés en Angleterre, il a bien voulu nous signaler les avantages et les inconvénients des méthodes employées, et mettant sans cesse à notre disposition son savoir et son expérience, il a été pour nous tous, le plus utile et en même temps le plus agréable des collaborateurs.

M. le sénateur Fortier que l'on est sûr de rencontrer partout où son dévouement et ses connaissances peuvent être utiles à la cause agricole a bien voulu dans une conférence d'un attrait puissant, nous entretenir des laiteries et beurreries coopératives. Vous êtes venus nombreux écouter sa parole forte et féconde ; je suis sûr qu'elle portera rapidement ses fruits dans votre beau pays, et je le remercie quant à moi d'avoir rehaussé l'éclat de notre concours par la haute autorité qui s'attache à sa personne et à ses discours.

Notre vénéré collègue, M. Houzeau, directeur de la Station agronomique de la Seine-Inférieure, membre de l'Institut, a vaillamment et gaiement supporté toutes les fatigues du concours, et, secondé avec intelligence et dévouement par MM. Rosset et Marais, chimistes de la Station agronomique, a dirigé avec une précision mathématique, avec la sûreté du savoir et de l'expérience, les opérations scientifiques si délicates qui étaient l'un des attraits les plus puissants, l'une des raisons d'être même du concours beurrier. Ces opérations ont donné des résultats précieux, c'est une véritable source de renseignements à laquelle on viendra toujours puiser utilement ; et je ne saurais trop exprimer ma reconnaissance à M. Houzeau et à ses dévoués collaborateurs.

Je l'exprime aussi à M. Archambault, directeur de la laiterie et beurrerie de Vieux-Rouen qui pendant toute la durée du concours, a dirigé les manipulations les plus délicates du lait, de la crème et du beurre, sans qu'une fausse manœuvre, sans qu'une erreur se soit produite.

Je dois le remercier aussi d'avoir bien voulu, avec la gracieuse collaboration de M. Daigue fils, marchand de beurre à Forges-les-Eaux, déguster tous les beurres obtenus, leur donner des notes et les classer suivant leurs qualités respectives.

M. Dubuc, professeur spécial d'Agriculture, à Neufchâtel, si bien connu et justement estimé de vous tous, nous a apporté le précieux appoint de son savoir et de son dévouement ; il a été l'un des organisateurs de ce concours,

N° 30. *Gentille*,

A M. E. LEFRANÇOIS
à St-Pierre-des-Jonquières.

7 ans.
586 kil.

Production { 1.283 grammes de beurre.
par jour. { 32 kil. 560 de lait.

2ᵉ Prix de la 2ᵉ Catégorie
et Prix spécial pour la plus forte production de lait.

N° 17. *Bijou*,

A M. ANT. DUBUC
à Thil-Riberpré.

7 ans.
523 kil.

Production { 1.355 grammes de beurre.
par jour. { 29 kil. 550 de lait.

1ᵉʳ Prix de la 2ᵉ Catégorie.

N° 19. *Fleurette*,

A M. PHILIPPART FILS
à Haussez.

7 ans.
647 kil.

Production { 1.088 grammes de beurre.
par jour. { 31 kil. 610 de lait.

7ᵉ Prix de la 2ᵉ Catégorie.

restant sur la brèche depuis le commencement jusqu'à la fin, et c'est un devoir et un plaisir pour moi en le remerciant, de l'associer à ceux qui ont le plus contribué au succès de notre concours.

M. Le Morvan, secrétaire de la Société centrale d'Agriculture me permettra de le remercier aussi pour la très intéressante, très pratique et très utile conférence qu'il a faite au sujet de la traite. C'était un complément indispensable du concours et de cette conférence tout le monde a reconnu le charme et l'utilité.

Ce serait manquer de gratitude et de galanterie que d'oublier, dans mes remerciements, Mlle Van Den Bergh, directrice de la première École de laiterie ambulante du département du Nord.

Avec la grâce d'une femme aimable, avec l'autorité d'un professeur, elle a fait, devant un auditoire nombreux et attentif, les démonstrations les plus intéressantes sur les diverses manipulations qui précèdent, accompagnent ou suivent la fabrication du beurre.

La grande attention avec laquelle ces conférences ont été suivies, les nombreuses notes qui ont été prises, les questions qui ont été posées, indiquent le grand intérêt des sujets traités et font espérer, en même temps, que les bons conseils si attentivement écoutés, seront aussi scrupuleusement suivis.

Nos collaborateurs fidèles, MM. R. Brayé et J. Grille avaient bien voulu nous apporter le concours d'une expérience au-dessus de leur âge et d'un dévouement au-dessus de tout éloge. Au nom de la Société, je les remercie de tout cœur. Cette nouvelle collaboration resserrera encore les liens d'estime et de sympathie qui nous unissent déjà.

La maison Simon, de Cherbourg, avait mis gracieusement à notre disposition ses appareils pour l'écrémage du lait et la fabrication du beurre, et elle nous avait envoyé l'un de ses monteurs les plus expérimentés. Je m'en voudrais de dire quoi que ce soit qui pût ressembler à une réclame, mais ne serait-ce pas de l'ingratitude que de ne point la remercier ?

L'excellence des instruments et la haute capacité du monteur ont été pour les concours un puissant élément de succès.

En un mot, nous avons trouvé partout, auprès de tous, un accueil empressé, un désintéressement rare, et c'est de cette union, de ce faisceau de bonnes volontés qu'est né notre succès.

Mais je comprends qu'une réflexion se présente à l'esprit : L'utilité de ces concours beurriers est-elle en rapport avec les difficultés qu'il faut vaincre ? avec l'argent qu'il faut dépenser ?

Et tout d'abord une certaine partie des difficultés disparaîtra forcément quand il ne s'agira plus d'une innovation ; notre expérience nous profitera certes à nous-mêmes, et elle profitera aux autres aussi.

Mais je reconnais que l'organisation de ces sortes de concours sera toujours délicate et coûteuse, si on veut les faire sérieusement, comme nous nous l'avons fait et comme on doit les faire.

Malgré cela, je n'hésite pas à le dire : Ces concours présentent des avantages si grands, ils sont d'une utilité si manifeste qu'il ne faut reculer devant aucun sacrifice pour les multiplier.

Il est souverainement illogique, à mon avis, de récompenser des animaux comme ceux appartenant à la race bovine normande, par exemple, uniquement pour la beauté de leurs formes ou d'après les signes extérieurs de lactation.

Que dans les races productrices de viande seulement, on s'attache surtout et presque exclusivement à la forme, aux aptitudes à l'engraissement, très bien, c'est logique ; mais pour une race comme la nôtre, et comme tant d'autres en France, je répète que c'est illogique et inadmissible.

Il y a bien les signes extérieurs de production du lait et même du beurre. Nous savons tous combien ces signes sont fragiles et peu sûrs lorsqu'il s'agit du lait ; nous savons aussi qu'ils sont encore beaucoup moins sûrs et beaucoup plus fragiles lorsqu'il s'agit de la production du beurre.

Les progrès de la science démontrent de plus en plus l'immense influence de l'atavisme ; notre race normande s'améliore au point de vue des formes parce que les agriculteurs choisissent des sujets beaux ; c'est important ; mais il faut aussi, il faut surtout qu'elle s'améliore au point de vue de la production du lait et du beurre, c'est plus important encore, et ce sera l'œuvre des concours beurriers — seuls ils peuvent réaliser ce progrès.

Leur effet heureux se fait déjà sentir en Angleterre et dans l'île de Jersey où la moyenne de production du beurre est montée dans une proportion considérable depuis la création de ces concours beurriers.

Ne serions-nous pas vraiment coupables, Messieurs, avec une race comme la race bovine normande, dont l'excellence vient de s'affirmer encore dans ce concours, avec de plantureux herbages, comme les nôtres, ne serions-nous pas vraiment coupables de nous endormir dans la routine et de ne faire valoir qu'une minime partie des immenses richesses que nous avons dans la main, laissant les autres prendre une avance toujours dangereuse pour nos intérêts, toujours difficile à rattraper ?

Mon vœu le plus ardent c'est que ces concours se multiplient dans notre pays parce que je crois qu'il y a là un vrai progrès et un progrès qui vient bien à son heure : au moment où la consommation du lait, cet excellent aliment, augmente partout dans des proportions si considérables, au moment où les laiteries et beurreries coopératives se multiplient en France pour lutter contre la concurrence étrangère et conserver ou rendre à notre fertile pays le premier rang qui lui appartient.

Vous, jeunes agriculteurs, qui assisterez, je veux l'espérer et je le crois, à de nombreux, à d'importants concours beurriers, vous serez peut-être tentés d'avoir un peu de dédain pour le 1er Concours beurrier de Forges-les-Eaux où trente vaches seulement prenaient part au concours, où fonctionnaient les écrémeuses à bras, où tant des procédés employés vous paraîtront alors démodés, surannés.

D'avance, croyez-le bien, je vous pardonne de tout cœur ; rappelez-vous cependant que nous avons osé innover, que nous avons apporté notre pierre à cet édifice sacré qui s'appelle : Le Progrès — et à ce titre-là, au moins, soyez indulgents pour ceux qui vous ont précédés.

Nous-mêmes, d'ailleurs, nous ne pensons pas que notre tâche soit terminée ; certes nous sommes heureux du résultat obtenu, mais nous ne voulons pas en rester là ; la Société centrale d'Agriculture continuera l'œuvre entreprise, elle voudra encore faire plus grand et mieux.

Et, comme je le disais en commençant, c'est ainsi que sans trêve ni repos, toujours vaillante, elle accomplit sa destinée et remplit son but : Servir l'Agriculture de notre pays.

ROUEN. — IMP. J. GIRIEUD.

Classement des Animaux par la Commission de Réception

d'après les Indices extérieurs. —

Tableau 1

Dans les tableaux ci-dessous, pour chaque animal : N = Notes de 0 à 10, P = Points obtenus.

Numéros des animaux au Catalogue	Coefficient	1 N	1 P	2 N	2 P	3 N	3 P	4 N	4 P	5 N	5 P	6 N	6 P	7 N	7 P	8 N	8 P	9 N	9 P	10 N	10 P	11 N	11 P	12 N	12 P	13 N	13 P	14 N	14 P	15 N	15 P
Volume et conformation du pis, trayons	3	3	9	7	21	5	15	5	15	7	21	7	21	7	21	5	15	8	24	2	6	8	24	5	15	8	24	7	21	7	21
Veines abdominales, mammaires, périnéales, fontaines du lait	2	3	6	5	10	6	12	6	12	8	12	8	16	6	12	2	4	7	14	3	6	7	14	7	14	7	14	7	14	7	14
Caractères laitiers de Guénon (écusson, etc.)	1	4	4	5	5	4	4	5	6	9	9	3	3	4	4	5	5	9	9	3	3	8	8	8	8	6	6	4	4	6	6
Couleur indienne de la peau	1	4	4	6	6	6	6	7	7	5	5	6	6	4	4	6	6	5	5	6	6	6	6	5	5	6	6	8	8	5	5
Sécrétions sébacée et cérumineuse, furfur épidermique ou son	1	4	4	6	6	4	4	7	7	5	5	6	6	4	4	4	4	5	5	4	4	6	6	5	5	6	6	8	8	5	5
Système Renoult-Lizot (papilles de la bouche)	1	7	7	6	6	3	3	5	5	4	4	5	5	6	6	3	3	5	5	5	5	4	4	6	6	4	4	3	3	3	3
Caractérisation sexuelle générale, cuir, poil, cornes, etc.	1	6	6	8	8	5	5	6	6	7	7	7	7	6	6	9	9	8	8	5	5	9	9	7	7	7	7	7	7	7	7
Total des points obtenus par chaque animal			42		62		49		58		63		64		57		46		70		35		71		59		67		65		61

Numéros des animaux au Catalogue	Coefficient	16 N	16 P	17 N	17 P	18 N	18 P	19 N	19 P	20 N	20 P	21 N	21 P	22 N	22 P	23 N	23 P	24 N	24 P	25 N	25 P	26 N	26 P	27 N	27 P	28 N	28 P	29 N	29 P	30 N	30 P
Volume et conformation du pis, trayons	3	8	24	9	27	7	21	8,5	25,5	7	21	8	24	8	24	7	21	7	21	6	18	7	21	4	12	8	24	8	24	9	27
Veines abdominales, mammaires, périnéales, fontaines du lait	2	8	16	8	16	7	14	9	18	6	12	7	14	8	16	8	16	8	16	4	8	8	16	6	12	8	16	9	18	9	18
Caractères laitiers de Guénon (écusson, etc.)	1	5	5	8	8	4	4	4	4	8	8	8	8	6	6	6	6	7	7	7	7	8	8	3	3	6	6	3	3	4	4
Couleur indienne de la peau	1	6	6	5	5	5	5	4	4	6	6	7	7	5	5	5	5	6	6	5	5	6	6	7	7	6	6	6	6	5	5
Sécrétions sébacée et cérumineuse, furfur épidermique ou son	1	6	6	6	6	5	5	4	4	6	6	7	7	4	4	5	5	6	6	8	8	6	6	7	7	6	6	6	6	5	5
Système Renoult-Lizot (papilles de la bouche)	1	5	5	7	7	6	6	6	6	4	4	6	6	5	5	6	6	6	6	5	5	6	6	3	3	6	6	4	4	6	6
Caractérisation sexuelle générale, cuir, poil, cornes, etc.	1	8	8	8	8	7	7	8	8	7	7	8	8	7	7	6	6	7	7	6	6	6	6	5	5	8	8	7	7	7	7
Total des points obtenus par chaque animal			70		77		62		69,5		64		74		67		65		69		57		69		49		72		68		72

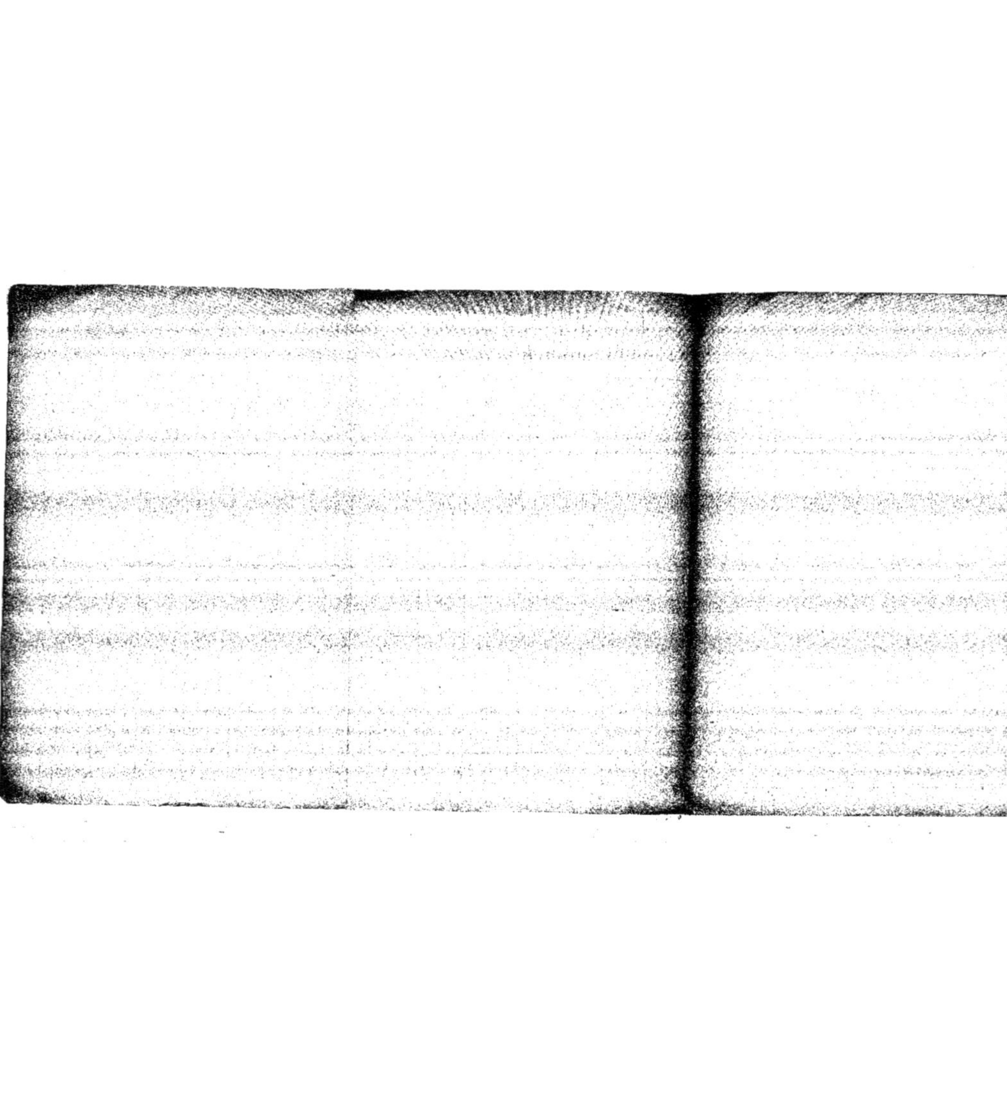

1re Catégorie : Vaches n'ayant pas toutes leurs dents de remplacement
~ Vache n° 2 ~

		Poids du lait Grammes	Densité et Température au moment de l'essai		Densité rectifiée à 15°	Volume du lait Litres	Essai au Gerber Grammes de matière grasse par litre de lait	Production totale en matière grasse Grammes
			Densité	Température				
Vendredi	Traite du matin	7.550	1.031	27°	1.034	7.30	26	189
	D° du midi	5.650	1.028	25°	1.030	5.48	57	312
	D° du soir	6.350	1.030	25°	1.033	6.14	35	214
Samedi	Traite du matin	7.200	1.032	27°	1.035	6.95	32	222
	D° du midi	6.100	1.026	28°	1.029	5.90	66	389
	D° du soir	4.650	1.031	26°	1.034	4.49	32	143
Dimanche	Traite du matin	7.300	1.032	28°	1.035	7.05	28	197
	D° du midi	6.700	1.025	29°	1.028	6.51	74	481
	D° du soir	5.750	1.027	28°	1.030	5.58	61	340
Totaux		57.250 Kgr				55.41 Lit		2.487 gr Kgr
Moyennes par Jour		19.080 Kgr				18.47 Lit	44gr.88	

Numéro des Vaches	Poids des Animaux (Kilos)	Age	Date du Vêlage	Quantités de lait obtenues — Production totale en 3 jours — Poids	Quantités de lait obtenues — Production totale en 3 jours — Volume (Litres)	Quantités de lait obtenues — Moyenne par jour — Poids (Kilos)	Quantités de lait obtenues — Moyenne par jour — Volume (Litres)	Quantités de beurre obtenues — Production totale en 3 jours (Grammes)	Quantités de beurre obtenues — Production moyenne par jour (Grammes)	Rapports du beurre au lait — Le kilo de beurre a été obtenu avec — Kilos de lait	Rapports du beurre au lait — Litres de lait	Classement des Animaux — d'après les quantités de lait — Classement général	d'après les quantités de lait — Par Catégorie	d'après les quantités de beurre — Classement général	d'après les quantités de beurre — Par Catégorie	d'après la richesse du lait en matière grasse — Classement général	Par Catégorie
2	540	2 ans 11 mois	8 Avril	57.25	55.4	19.08	18.5	2.820	940	20.30	19.64	20	4	15	3	2	1
3	488	4 ans	21 Mars	45.00	43.4	15	14.5	1.940	647	23.18	22.36	28	9	27	9	12	6
4	610	3 ans 3 mois	26 Février	38.25	36.9	12.75	12.3	1.235	412	30.96	29.87	30	11	30	11	28	11
5	647	3 ans 6 mois	3 Avril	62.90	60.6	20.96	20.2	2.725	908	23.08	22.23	19	3	18	4	10	4
6	495	3 ans	8 Mai	54.05	52.3	18.01	17.4	2.350	783	23.00	22.25	23	6	21	6	11	5
7	581	3 ans 6 mois	7 Mai	82.70	79.9	27.56	26.7	2.965	988	27.89	26.91	4	1	12	2	26	10
8	645	4 ans	20 Mars	48.75	47.3	16.25	15.7	2.305	768	21.15	20.52	27	8	22	7	3	2
9	490	3 ans	10 Mai	56.30	54.5	18.83	18.2	2.465	821	22.84	22.10	21	5	19	5	9	3
10	578	4 ans	29 Mars	39.20	37.8	13.06	12.6	1.545	515	25.37	24.46	29	10	29	10	20	9
11	545	4 ans	20 Mai	75.80	73.1	25.26	24.3	3.105	1.035	24.41	23.54	10	2	9	1	17	7
12	600	5 ans 10 mois	1er Mars	76.60	73.8	25.52	24.6	3.770	1.257	20.31	19.60	8	7	3	3	1	1
13	597	5 ans	10 Mars	76.10	73.5	25.36	24.5	3.125	1.041	24.35	23.52	9	8	8	8	16	10
14	635	7 ans 5 mois	14 Avril	64.45	62.4	21.48	20.8	2.445	815	26.36	25.52	18	16	20	15	25	16
15	722	7 ans 10 mois	14 Février	66.10	63.9	22.03	21.3	2.740	913	24.12	23.32	16	14	17	14	15	9
16	725	7 ans	13 Février	48.75	47.1	16.25	15.7	1.955	651	24.93	24.09	26	19	25	17	19	11
17	523	7 ans	12 Avril	88.65	85.8	29.55	28.6	4.065	1.355	21.80	21.10	3	3	1	1	4	2
18	548	6 ans	5 Mai	76.75	74.1	25.58	24.7	3.005	1.001	25.54	24.63	7	6	11	10	23	14
19	647	7 ans	20 Avril	94.85	91.6	31.61	30.5	3.265	1.088	29.05	28.05	2	2	7	7	27	17
20	636	7 ans	28 Avril	77.90	75.4	25.96	25.1	3.520	1.173	22.13	21.42	5	4	4	4	5	3
21	619	6 ans	26 Février	49.15	47.5	16.38	15.8	1.580	527	31.74	30.06	25	18	28	19	29	18
22	667	8 ans	15 Février	69.35	67.1	23.11	22.3	3.060	1.020	22.66	21.22	14	12	10	9	7	5
23	590	5 ans 6 mois	13 Avril	75.20	72.8	25.06	24.3	3.360	1.120	22.41	21.66	11	9	5	5	6	4
24	554	6 ans	15 Mai	74.75	72.2	24.91	24.1	1.955	651	38.23	36.98	12	10	25	17	30	19
25	574	5 ans 10 mois	7 Mai	68.95	66.7	22.98	22.2	2.935	978	23.49	22.72	15	13	13	11	13	7
26	597	7 ans 5 mois	7 Avril	77.35	74	25.78	28	2.910	970	26.58	25.45	6	5	14	12	24	15
27	641	7 ans	21 Mars	51.85	50.3	17.28	16.7	2.035	678	25.47	24.66	24	17	24	16	22	13
28	515	6 ans 4 mois	18 Avril	74.50	72	24.83	24	3.270	1.090	22.81	22.01	13	11	6	6	8	6
29	560	6 ans 10 mois	20 Mars	65.65	63.6	21.88	21.2	2.780	927	23.61	22.80	17	15	16	13	14	8
30	586	7 ans	30 Mars	97.70	94.7	32.56	31.6	3.850	1.283	25.37	24.52	1	1	2	2	21	12

Première Catégorie — N'ayant pas toutes leurs dents de remplacement (vaches 2 à 11).

Deuxième Catégorie — Ayant toutes leurs dents de remplacement (vaches 12 à 30).

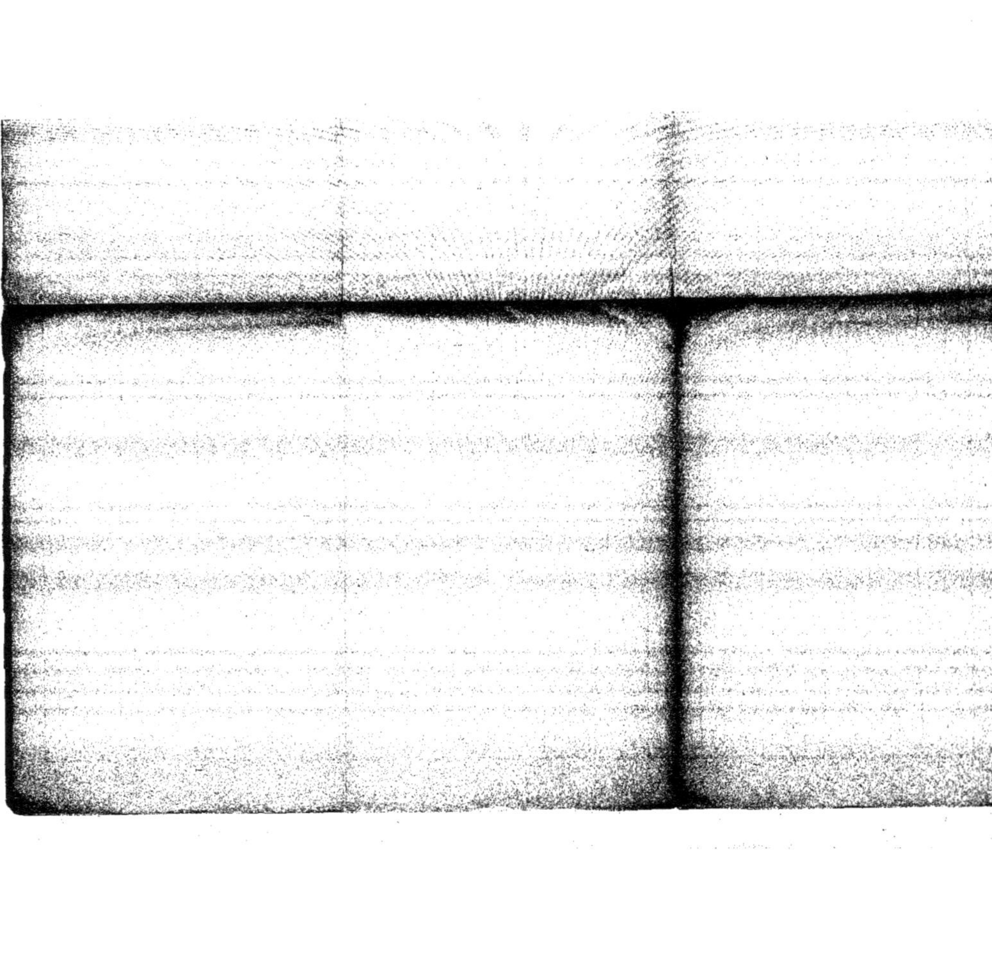

Quantités de Lait (en Poids) — Tableau nº 4

Numéros des Vaches	Vendredi			Samedi			Dimanche			Totaux	Production moyenne par jour
	Traite du matin	Traite du midi	Traite du soir	Traite du matin	Traite du midi	Traite du soir	Traite du matin	Traite du midi	Traite du soir		
	Grammes	Grammes	Grammes	Grammes	Grammes	Grammes	Grammes	Grammes	Grammes	Grammes	Grammes
1	7.700	5.800	5.700	7.750	4.900	5.700	7.400	4.900	5.300	55.150	18.380
2	7.550	5.650	6.350	7.200	6.100	4.650	7.300	6.700	5.750	57.250	19.080
3	6.150	4.050	4.850	7.200	4.250	4.700	5.250	3.150	5.400	45.000	15.000
4	4.900	3.600	3.950	5.350	3.500	4.150	5.700	3.050	4.050	38.250	12.750
5	8.000	6.000	6.500	8.800	4.850	6.800	9.050	6.650	6.250	62.900	20.960
6	5.700	6.300	6.050	6.850	5.800	5.200	7.700	5.250	5.200	54.050	18.016
7	12.200	7.200	8.300	12.500	7.050	8.700	11.500	7.800	7.950	82.700	27.560
8	6.550	5.150	4.650	6.150	4.050	5.400	6.400	5.500	4.900	48.750	16.250
9	6.850	4.900	5.800	7.950	5.600	6.000	7.600	5.900	5.700	56.300	18.850
10	4.200	5.200	3.450	5.400	3.600	3.600	6.100	3.650	4.000	39.200	13.060
11	9.750	7.350	8.100	10.400	7.000	7.400	10.850	7.700	7.250	75.800	25.260
12	10.500	6.700	8.450	9.900	7.500	8.100	11.000	7.000	7.450	76.600	25.520
13	10.050	5.500	9.000	11.300	6.800	7.400	10.350	7.700	8.000	76.100	25.360
14	9.700	5.800	7.250	10.100	[illegible]	6.000	[illegible]	5.600	5.[illegible]	64.450	[illegible]
15	10.000	4.500	7.[illegible]	10.000	5.800	[illegible]	9.[illegible]	[illegible]	6.950	66.100	[illegible]
16	7.650	4.200	5.500	7.900	3.150	5.350	7.050	4.200	4.350	48.750	16.250
17	12.700	8.200	9.400	12.900	7.900	8.500	12.450	8.200	8.400	88.650	29.550
18	13.050	7.150	7.400	9.700	7.200	7.650	10.000	7.100	7.500	76.750	25.580
19	14.400	8.600	10.250	15.100	2.400	14.000	14.200	6.900	9.000	94.850	31.610
20	11.000	6.700	7.600	11.550	6.700	8.300	11.450	6.800	7.800	77.900	25.960
21	6.200	3.850	6.650	5.900	2.850	7.600	7.250	4.400	4.450	49.150	16.380
22	10.750	4.250	6.950	11.600	5.000	7.300	10.000	6.350	7.150	69.350	23.110
23	11.500	5.800	7.150	11.450	6.100	7.750	10.600	7.600	7.250	75.200	25.060
24	9.850	6.550	8.900	9.900	7.350	8.100	10.050	6.550	7.500	74.750	24.910
25	9.600	6.000	7.000	8.950	5.200	8.100	9.600	7.100	7.400	68.950	22.980
26	11.700	7.350	7.000	11.500	2.900	11.400	11.700	6.300	7.500	77.350	25.780
27	8.150	4.050	6.950	6.650	2.150	8.150	6.650	4.750	5.350	51.850	17.280
28	10.150	7.850	7.200	8.300	7.050	8.100	9.950	8.000	7.900	74.500	24.850
29	8.650	5.800	6.200	5.800	5.900	5.600	10.000	6.100	6.600	65.650	21.880
30	13.900	8.950	9.250	12.700	9.200	10.450	14.050	0.000	9.600	97.700	32.560
Total par traite	279.050 Kil.	179.900 Kil.	209.100 Kil.	278.550 Kil.	164.450 Kil.	216.800 Kil.	278.600 Kil.	186.200 Kil.	197.300 Kil.		
Total par jour	668.050 Kil.			659.800 Kil.			662.100 Kil.			1.989.950 Kil.	663.317 Kil.

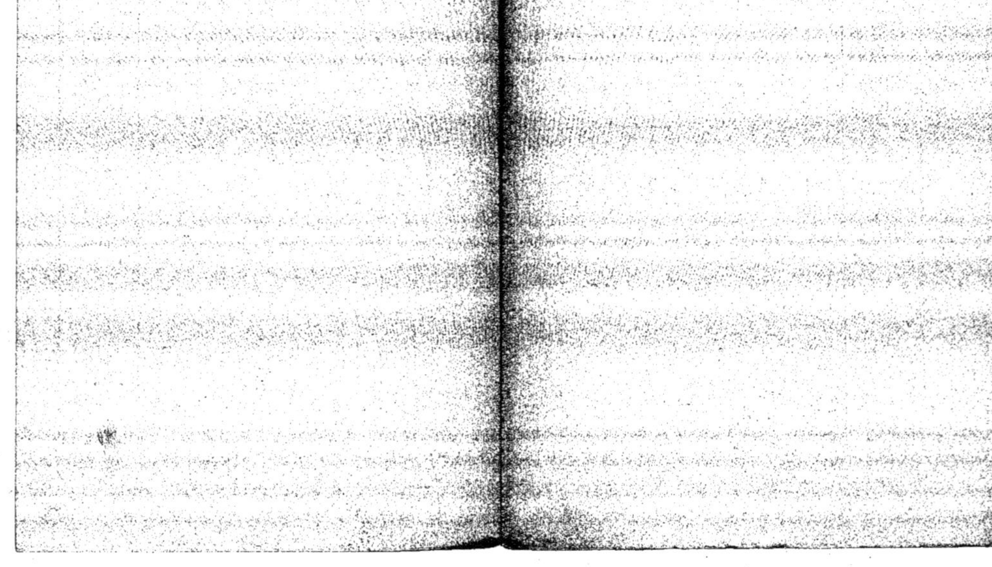

Essais du Lait au Gerber (Teneur en matière grasse par litre de lait)   Tableau n° 5

Numéros des Vaches	Vendredi			Samedi			Dimanche			Richesse moyenne du lait en matière grasse d'après le Gerber	
	Traite du matin	Traite du midi	Traite du soir	Traite du matin	Traite du midi	Traite du soir	Traite du matin	Traite du midi	Traite du soir	Moyenne véritable (le rendant la quantité totale de matière grasse par le volume du lait)	Moyenne approximative (déduite par l'addition des chiffres de rendre et leur division par le nombre des essais)
	grammes	grammes	grammes	grammes	grammes	grammes	grammes	grammes	grammes	grammes	grammes
1	26	49	44	34	44	40	30	49	40	38.3	39.55
2	26	57	35	32	66	32	28	74	61	44.88	45.66
3	30	59	41	31	42	47	36	47	55	41.7	43.11
4	24	40	35	24	39	39	28	34	33	32	32.88
5	33	71	46	34	41	39	30	55	43	42.1	42.55
6	18	39	44	24	59	49	41	62	41	41.2	41.88
7	25	31	31	41	41	40	33	46	34	35.3	35.77
8	37	80	55	35	40	41	27	59	45	45.7	46.55
9	36	52	42	29	50	49	28	60	44	42	43.33
10	36	49	41	24	49	35	29	50	39	35.5	39.11
11	29	58	48	30	55	39	26	53	34	39.5	41.33
12	25	51	60	30	58	61	35	65	43	45.64	47.55
13	25	26	37	42	52	48	30	54	46	39.3	40.00
14	27	37	36	36	59	43	27	60	45	41.1	41.11
15	37	33	45	35	48	42	33	47	42	39.5	40.22
16	27	43	46	36	33	38	41	57	47	39.8	40.88
17	30	48	41	36	64	43	35	64	49	43.6	45.55
18	17	53	54	35	61	44	23	37	40	37.8	40.44
19	22	32	32	33	28	45	25	25	30	30.6	30.22
20	45	62	39	30	46	43	31	50	41	41.5	43.00
21	14	25	51	24	28	54	34	49	40	36.5	35.44
22	43	52	38	46	45	41	26	42	38	41.59	41.22
23	33	41	47	48	53	49	27	52	39	42.1	43.22
24	19	33	47	22	40	42	22	36	35	32	32.88
25	45	70	46	27	31	41	25	50	49	42.2	42.66
26	29	50	31	22	20	41	40	49	33	35.1	35.00
27	35	37	50	21	25	35	39	56	49	39.9	38.55
28	29	73	50	16	38	39	23	56	50	40.5	41.55
29	43	75	42	30	50	35	30	58	40	43.3	44.77
30	35	51	40	22	41	49	27	60	37	38.6	40.22
Totaux	900	1.487	1.294	929	1.346	1.283	909	1.556	1.262		1.217.20
Moyenne par Traite	30ᵍ	49ᵍ56	43ᵍ13	30ᵍ96	44ᵍ86	42ᵍ68	33ᵍ	51ᵍ80	42ᵍ06		
Moyenne par jour	40ᵍ89			39ᵍ49			42ᵍ99			39ᵍ26	40ᵍ64

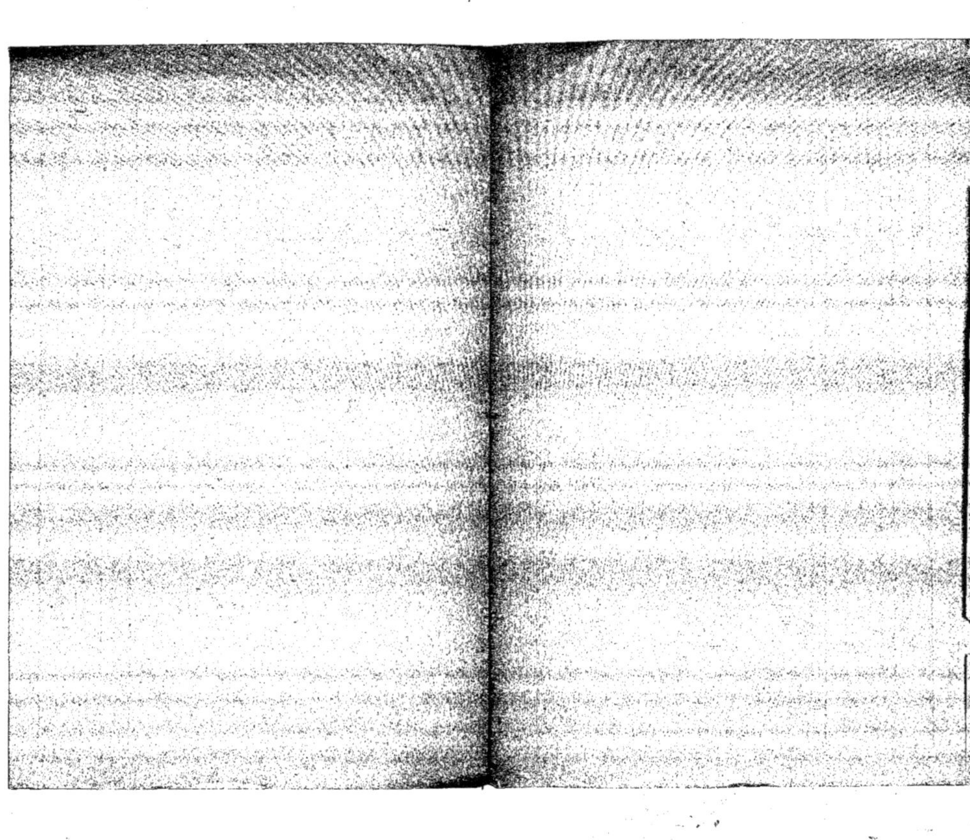

Production totale de matière grasse d'après le Gerber — Tableau n° 6

Numéros des Vaches	Vendredi			Samedi			Dimanche			Production totale de matière grasse au Gerber des 3 jours	Production moyenne par jour
	Traite du matin	Traite du midi	Traite du soir	Traite du matin	Traite du midi	Traite du soir	Traite du matin	Traite du midi	Traite du soir		
	Grammes	Grammes	Grammes	Grammes	Grammes	Grammes	Grammes	Grammes	Grammes	Grammes	Grammes
1	195	274	242	255	211	220	216	230	204	2.047	682.33
2	189	312	214	222	389	143	197	481	340	2.487	829.00
3	180	230	193	217	168	211	184	141	286	1.810	603.33
4	113	140	133	122	133	156	154	102	129	1.182	394.00
5	254	412	290	289	193	257	264	335	262	2.556	852.00
6	99	238	260	158	330	245	308	316	205	2.159	719.66
7	295	217	248	492	281	336	366	326	261	2.822	940.66
8	237	400	248	210	156	213	167	313	220	2.164	721.33
9	238	250	235	223	270	284	207	342	242	2.291	763.66
10	148	152	135	125	172	119	171	176	148	1.345	448.33
11	273	412	351	300	374	277	273	392	238	2.890	963.33
12	252	320	492	285	422	478	372	442	310	3.373	1.124.33
13	249	138	322	458	343	346	500	390	354	2.893	964.33
14	254	204	339	358	383	249	309	394	[illegible]	2.747	915.66
15	359	106	310	339	269	269	312	273	255	2.599	843.00
16	200	172	248	252	99	194	279	234	197	1.875	625.00
17	369	384	373	450	493	353	420	506	397	3.745	1.248.33
18	214	366	383	329	427	326	223	252	288	2.808	936.00
19	308	266	317	482	64	607	342	165	261	2.812	937.33
20	482	403	285	336	299	344	344	330	307	3.130	1.043.33
21	84	93	326	137	79	400	238	206	172	1.735	578.33
22	447	292	255	520	216	291	252	256	262	2.791	930.33
23	366	230	324	533	312	368	278	385	273	3.069	1.023.00
24	181	208	404	211	284	332	213	227	252	2.312	770.66
25	419	406	313	233	155	324	232	340	353	2.775	925.00
26	328	355	211	246	56	414	456	299	238	2.603	867.66
27	277	182	335	115	50	277	254	258	255	2.003	667.66
28	284	555	350	128	258	304	221	437	380	2.917	972.33
29	361	495	252	285	285	189	291	342	256	2.756	918.66
30	472	444	360	271	365	106	367	558	344	3.676	1.225.33
Totaux par mois	8.120	8.696	8.661	8.576	7.536	9.021	8.203	9.377	7.933	76.123 Total général	
par jour	25.477			25.133			25.513				25.374.66

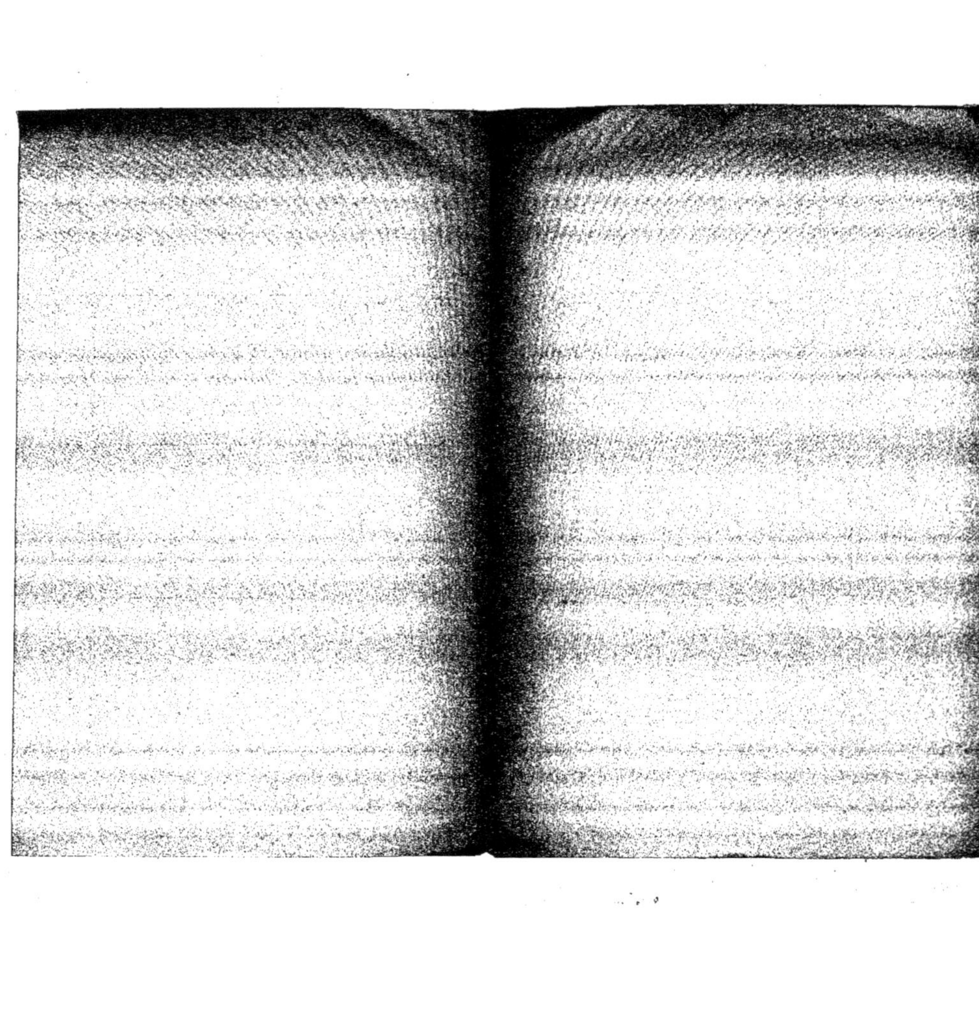

Essais du Lait écrémé au Gerber

(Teneur en matière grasse par litre de petit-lait) — Tableau n° 7

Numéros des Vaches	Vendredi			Samedi			Dimanche			Pertes de matière grasse à l'écrémage (Calculées de façon théorique, d'après le volume du lait par et la teneur du lait écrémé en matière grasse)			
	Traite du matin	Traite du midi	Traite du soir	Traite du matin	Traite du midi	Traite du soir	Traite du matin	Traite du midi	Traite du soir	Vendredi	Samedi	Dimanche	Totaux des 3 jours
	Grammes	Grammes	Grammes	Grammes	Grammes	Grammes	Grammes	Grammes	Grammes	Grammes	Grammes	Grammes	Grammes
1	0.5	1.0	0.5	Traces	0.0	Traces	Traces	0.0	0.0	12	0	0	12
2	2	2	Traces	Traces	Traces	Traces	0.0	Traces	Traces	25	0	0	25
3	1	1.5	Traces	Traces	Traces	Traces	Traces	Traces	Traces	12	0	0	12
4	0.5	0.5	Traces	Traces	Traces	0.0	Traces	Traces	Traces	4	0	0	4
5	0.5	0.5	0.5	Traces	Traces	Traces	Traces	Traces	Traces	10	0	0	10
6	0.5	0.5	Traces	Traces	Traces	Traces	0.0	0.0	0.0	9	0	0	9
7	2.0	0.5	0.5	Traces	0.0	Traces	Traces	0.0	Traces	31	0	0	31
8	0.5	0.5	Traces	Traces	Traces	0.0	Traces	Traces	Traces	6	0	0	6
9	1.0	0.5	Traces	Traces	Traces	Traces	Traces	Traces	Traces	9	0	0	9
10	1.0	0.5	Traces	Traces	Traces	Traces	0.0	Traces	Traces	6	0	0	6
11	0.5	Traces	Traces	0.5	Traces	Traces	Traces	Traces	Traces	5	5	0	10
12	[illegible]	[illegible]	[illegible]	[illegible]	[illegible]	[illegible]	[illegible]	[illegible]	[illegible]	[illegible]	[illegible]	[illegible]	[illegible]
13	[illegible]	[illegible]	[illegible]	[illegible]	[illegible]	[illegible]	[illegible]	[illegible]	[illegible]	[illegible]	[illegible]	[illegible]	[illegible]
14	0.5	1.0	0.5	0.5	Traces	0.5	0.0	0.0	0.0	15	8	0	[illegible]
15	0.5	0.5	Traces	Traces	Traces	0.0	Traces	0.0	Traces	7	0	0	7
16	0.5	0.5	Traces	Traces	Traces	Traces	Traces	Traces	0.0	6	0	0	6
17	0.5	Traces	Traces	Traces	0.5	Traces	Traces	Traces	Traces	6	4	0	10
18	1.0	Traces	Traces	Traces	0.0	Traces	0.0	0.0	0.0	6	0	0	6
19	1.5	0.5	0.5	0.5	Traces	Traces	Traces	Traces	Traces	19	2	0	21
20	1.0	Traces	Traces	Traces	0.5	Traces	0.0	Traces	0.0	10	3	0	13
21	1.0	Traces	Traces	0.5	0.0	Traces	0.0	Traces	0.0	6	3	0	[illegible]
22	0.5	1.0	Traces	Traces	Traces	Traces	Traces	0.0	Traces	9	0	0	9
23	0.5	0.5	Traces	Traces	Traces	Traces	Traces	0.0	Traces	9	0	0	9
24	2.0	0.5	Traces	Traces	Traces	Traces	Traces	Traces	Traces	22	0	0	22
25	1.0	0.5	Traces	0.5	0.0	0.0	Traces	0.0	Traces	12	4	0	16
26	1.0	Traces	Traces	Traces	Traces	Traces	Traces	Traces	Traces	6	0	0	6
27	0.5	0.5	Traces	0.5	Traces	0.5	Traces	Traces	0.0	6	6	0	12
28	0.5	Traces	Traces	Traces	0.0	0.0	0.0	Traces	Traces	5	0	0	5
29	0.5	Traces	Traces	Traces	Traces	0.0	Traces	0.0	Traces	4	0	0	4
30	1.0	0.5	Traces	Traces	Traces	Traces	Traces	Traces	Traces	17	0	0	[illegible]
Totaux										323	42	0	365

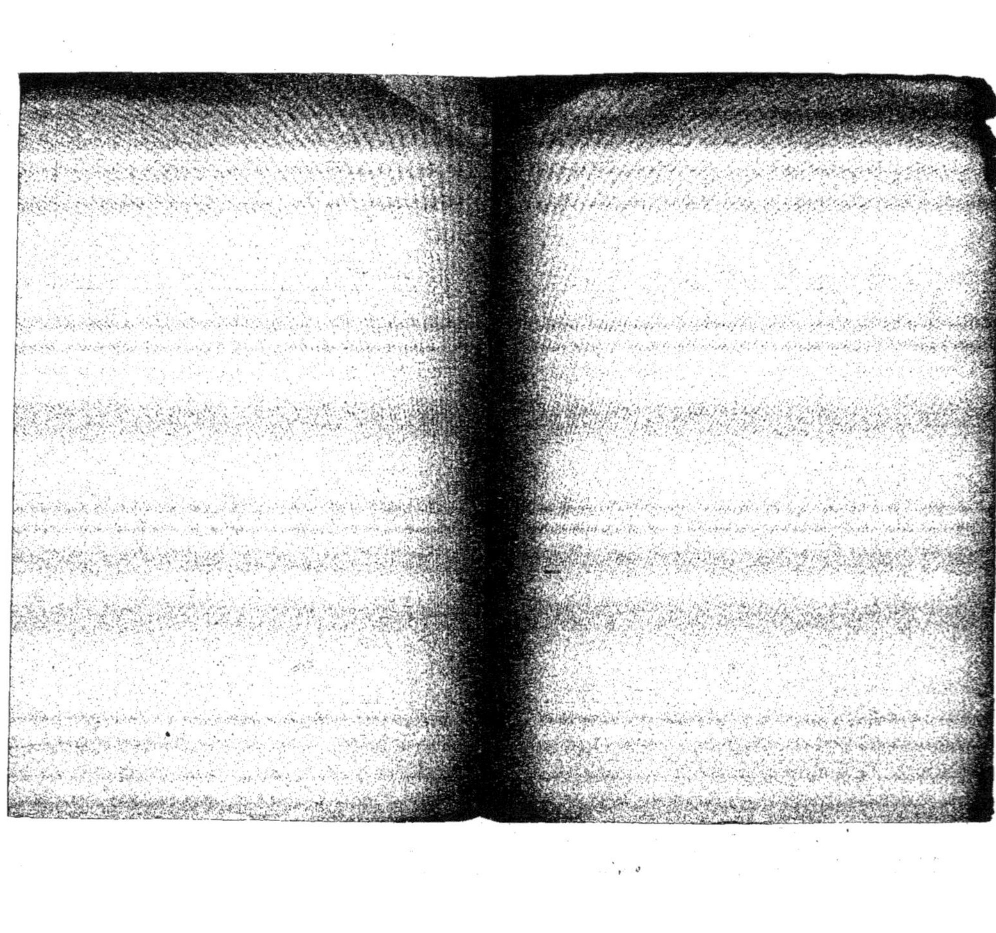

Essais des Beurres : Teneur en matière grasse et dégustation — Tableau n° 8

Numéros des lots de beurre	Matière grasse % au Gerber	Dégustation — Qualité	Dégustation — Observations	Classement des lots de têtes d'après la dégustation
	%			
1	88	Troisième	Goût fade	**Type de Formerie**
2	88	Deuxième	Franc de goût	
3	86	Première	Un peu mou	(Beurres à pâte longue, bon parfum,
4	89	Quatrième	Gras	qualité extra pour la pâtisserie)
5	87	Deuxième		1. Beurre n° 28
6	88	Deuxième		2. Beurre n° 29
7	88	Quatrième	Goût de terroir désagréable	3. Beurre n° 27
8	88	Première	Très frais à la bouche	4. Beurre n° 8
9	88	Deuxième	Saveur légèrement brûlante	5. Beurre n° 17
10	90	Quatrième	Goût de terroir désagréable	——
11	90	Quatrième	Gras (un peu rance), très désagréable	
12	91	Troisième		**Type de Gournay et Forges**
13	92	Deuxième	[illegible]	
14	90	Deuxième	Saveur franche, mais très mou	(… mais très fins)
15	91	Deuxième	Goût fin, mais saveur un peu brûlante	
16	88	Quatrième	Mauvais, goût de gras	1. Beurre n° 18
17	89	Première	Un peu fade, mais franc de goût et frais à la bouche	2. Beurre n° 21
18	90	Première	Très fin, mais mou	3. Beurre n° 22
19	89	Première		4. Beurre n° 3
20	89	Première	Beurre neutre, mais bon	——
21	91	Première	Fin, type de Forges, mais creux, (sans liant, mou)	
22	90	Première	Goût franc, mais trop accentué	**Type de Laiterie**
23	90	Première	Blanc, bon goût, un peu creux	
24	91	Première	Blanc, bon goût, un peu creux	(Beurres neutres, très bons)
25	89	Première	Très bon, très dur	1. Beurre n° 20
26	90	Première	Bon, mal délaité, dans ce cas d'ailleurs un peu creux	2. Beurre n° 25
27	88	Première	Bon goût, un peu creux	3. Beurre n° 24
28	91	Première	Très fin, tenue et qualité extra	4. Beurre n° 23
29	88	Première	Très fin, très bon goût, bonne tenue	——
30	90	Troisième	Mûr, un peu fade	

N.B. — La dégustation des beurres a été faite par M. Archambault, Directeur de la beurrerie de Vieux-Rouen sur-Bresle, et M. Daignes fils, négociant en beurres, à Forges-les-Eaux.

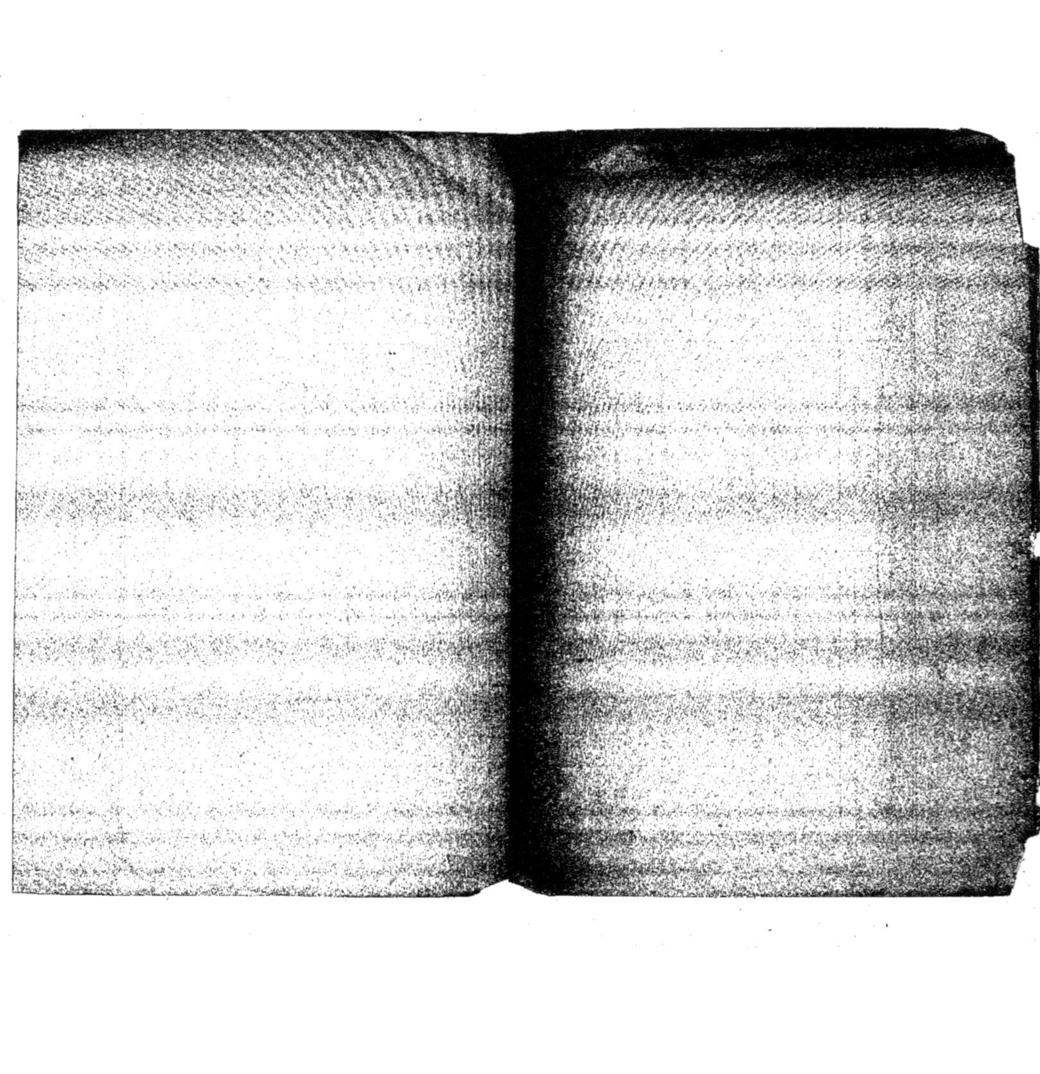

www.ingramcontent.com/pod-product-compliance
Ingram Content Group UK Ltd.
Pitfield, Milton Keynes, MK11 3LW, UK
UKHW020022100726
13658UKWH00003B/1060